BERICHTE ÜBER DIE VERHANDLUNGEN DER SÄCHSISCHEN AKADEMIE DER WISSENSCHAFTEN ZU LEIPZIG

Mathematisch-naturwissenschaftliche Klasse
Band 104 · Heft 6

ROLF KLÖTZLER

DIE KONSTRUKTION GEODÄTISCHER FELDER IM GROSSEN IN DER VARIATIONSRECHNUNG MEHRFACHER INTEGRALE

AKADEMIE-VERLAG · BERLIN
1961

BERICHTE ÜBER DIE VERHANDLUNGEN DER SÄCHSISCHEN AKADEMIE DER WISSENSCHAFTEN ZU LEIPZIG

MATHEMATISCH-NATURWISSENSCHAFTLICHE KLASSE

Band 97

Heft 1 Prof. Dr. ERICH STRACK / Beobachtungen über den endogenen Anteil des Kot-Stickstoffs 24 Seiten — 8° — 1949 — DM 2,50 *(vergriffen)*

Heft 2 Prof. Dr. ERNST HÖLDER / Über die Variationsprinzipe der Mechanik der Kontinua 13 Seiten — 8° — 1950 — DM 2,75 *(vergriffen)*

Heft 3 Dr. H. GERSTNER / Dr. H. BAARK / Dr. H. GRAUL / Der Wechselstromwiderstand der Froschhaut 25 Seiten — 8° — 1950 — DM 2,75 *(vergriffen)*

Heft 4 Prof. Dr. HERBERT BECKERT / Existenz- und Eindeutigkeitsbeweise für das Differenzenverfahren zur Lösung des Anfangswertproblems, des gemischten Anfangs-Randwert- und des charakteristischen Problems einer hyperbolischen Differentialgleichung zweiter Ordnung mit zwei unabhängigen Variablen 42 Seiten — 8° — 1950 — DM 9,— *(vergriffen)*

Heft 5 Prof. Dr. HERBERT BECKERT / Über quasilineare hyperbolische Systeme partieller Differentialgleichungen erster Ordnung mit zwei unabhängigen Variablen. Das Anfangswertproblem, die gemischte Anfangs-Randwertaufgabe, das charakteristische Problem 68 Seiten — 8° — 1950 — DM 14,50 *(vergriffen)*

Heft 6 Prof. Dr.-Ing. ENNO HEIDEBROEK / Das Verhalten von zähen Flüssigkeiten, insbesondere Schmierflüssigkeiten, in engen Spalten Nachdruck — 40 Seiten — 24 Abbildungen — 8° — 1952 — DM 5,80 *(vergriffen)*

Heft 7 Prof. Dr. HANS SCHUBERT / Über eine lineare Integrodifferentialgleichung mit Zusatzkern 52 Seiten — 8° — 1950 — DM 9,25 *(vergriffen)*

Heft 8 Dipl.-Phys. HERMAR KRUPP / Bestimmung der allgemeinen Lösung der Schrödinger-Gleichung für Coulomb-Potential 28 Seiten — 8° — 1950 — DM 5,50 *(vergriffen)*

Band 98

Heft 1 Prof. Dr. WALTER SCHNEE / Über magische Quadrate und lineare Gitterpunktprobleme 48 Seiten — 8° — 1951 — DM 4,65 *(vergriffen)*

Heft 2 Prof. Dr.-Ing. ENNO HEIDEBROEK / Über die Beziehungen zwischen Schmierung und Verschleiß bei geschmierter Gleitreibung Nachdruck — 36 Seiten — 5 Abbildungen — 8° — 1954 — DM 2,75

Heft 3 Prof. Dr.-Ing. e. h. KARL KEGEL / Der Salzstock Mirowo bei Provadia in Bulgarien 26 Seiten — 9 Abbildungen — 8° — 1951 — DM 3,— *(vergriffen)*

Heft 4 Prof. Dr. HERBERT BECKERT / Prof. Dr. HANS SALIÉ / Bemerkungen über die Verbiegung hyperbolisch gekrümmter Flächenstücke / Über Abels Verallgemeinerung der binomischen Formel 22 Seiten — 2 Abbildungen — 8° — 1951 — DM 2,25 *(vergriffen)*

Heft 5 Prof. Dr. ERICH STRACK / Die Dauerinfusion als Verfahren zur Erforschung des Kohlenhydratstoffwechsels des Tierkörpers 20 Seiten — 8° — 1952 — DM 2,— *(vergriffen)*

Band 99

Heft 1 Prof. Dr. HEINRICH BRANDT / Über das quadratische Reziprozitätsgesetz 18 Seiten — 8° — 1951 — DM 1,90 *(vergriffen)*

Heft 2 Prof. Dr. GEORG SPACKELER / Der Gebirgsdruck und seine Beherrschung durch den Bergmann 36 Seiten — 12 Abbildungen — 8° — 1951 — DM 1,65 *(vergriffen)*

BERICHTE ÜBER DIE VERHANDLUNGEN DER SÄCHSISCHEN AKADEMIE DER WISSENSCHAFTEN ZU LEIPZIG

Mathematisch-naturwissenschaftliche Klasse
Band 104 · Heft 6

ROLF KLÖTZLER

DIE KONSTRUKTION GEODÄTISCHER FELDER IM GROSSEN IN DER VARIATIONSRECHNUNG MEHRFACHER INTEGRALE

AKADEMIE-VERLAG · BERLIN
1961

Vorgelegt durch Herrn Keller in der Sitzung vom 12. November 1960
Manuskript eingeliefert am 9. November 1960
Druckfertig erklärt am 8. Juli 1961

Erschienen im Akademie-Verlag GmbH, Berlin W 8, Leipziger Straße 3–4

Lizenz-Nr. 202 · 100/502/61
Gesamtherstellung: VEB Druckhaus „Maxim Gorki“, Altenburg
Bestellnummer: 2027/104/6
Preis: DM 7,—
Printed in Germany
ES 19 B 4

INHALTSVERZEICHNIS

Einleitung

Wir stellen uns die Aufgabe, allgemeine Variationsprobleme der Gestalt

$$\int_{\mathfrak{B}} f(x_i, p_{(i)})\, dt_1 \ldots dt_m \to \text{Minimum} \tag{1}$$

zu untersuchen. Dabei sei x_i der Inbegriff der Argumente $x_1, \ldots, x_n$ — i durchlaufe also alle natürlichen Zahlen von 1 bis n, wobei $n > m$ sei —, die wiederum als abhängige Variable bzw. als gewisse stückweise stetig differenzierbare und stetige Funktionen von t_α $(\alpha = 1, \ldots, m)$ über dem Parameterbereich $\mathfrak{B}$ anzusehen sind; wir bezeichnen sie kurz mit $x_i(t_\alpha)$. Die Größen $p_{(i)}$ als Inbegriff aller Argumente $p_{(i_1 i_2 \ldots i_m)}$ mit $i_1 < i_2 < \cdots < i_{m-1} < i_m$, wobei die $i_1, \ldots, i_m$ irgendwelche natürliche Zahlen von 1 bis n sind, stellen die Grassmannschen Richtungskoordinaten der Matrix $\left(\frac{\partial x_i}{\partial t_\alpha}\right)_{\alpha=1,\ldots,m}^{i=1,\ldots,n}$ dar, d. h., die aus je m Zeilen dieser Matrix gebildeten Determinanten

$$p_{(i_1 i_2 \ldots i_m)} = \begin{vmatrix} \frac{\partial x_{i_1}}{\partial t_1} & \frac{\partial x_{i_m}}{\partial t_1} \\ \cdot & \cdot \\ \cdot & \cdot \\ \cdot & \cdot \\ \frac{\partial x_{i_1}}{\partial t_m} & \frac{\partial x_{i_m}}{\partial t_m} \end{vmatrix}.$$

Erheben wir noch die Bedingung, daß die zugelassenen Funktionen $x_i(t_\alpha)$ in den Punkten des Randes $\mathfrak{R}$ von $\mathfrak{B}$ fest vorgegebene Werte annehmen, so können wir (1) als ein m-dimensionales Variationsproblem in Parametergestalt zu n gesuchten Funktionen mit *festen* Rändern ansprechen.

Unter den Untersuchungsmethoden, die bei dem heutigen Stand der Variationsrechnung zu solchen Variationsproblemen zur Verfügung stehen, nimmt die Theorie von C. CARATHÉODORY [6], welche sich auf den zentralen Begriff des (Carathéodoryschen) geodätischen Feldes stützt, eine wesentliche und bei gewissen Fragen sogar bevorzugte Stellung ein (vgl. etwa [2], [3] u. [4]). Es konnte bisher durch H. BOERNER gezeigt werden, daß eine vorgegebene Extremale E eines solchen Variationsproblems (im Sinne einer Lösung der zugehörigen Eulerschen Differentialgleichungen (10)) bei hinreichend hohen Differenzierbarkeitsvoraussetzungen und gewissen „Regularitätsforderungen" (vgl. (11)) im *Kleinen* stets in ein geodätisches Feld eingebettet werden kann und daß aus dieser Existenz des geodätischen Feldes gleichzeitig auch der Nachweis des wirklichen Extremalcharakters von E hinsichtlich eines schwachen relativen Minimums zu (1) erbracht werden kann. Besonders hervorzuheben ist dabei, daß diese Untersuchungen nach W. VELTE (vgl. [23] und [24]) durch Einführung einer Parameterdarstellung — wie sie bei uns von vornherein durch (1) charakterisiert ist — eine beträchtliche Vereinfachung erfahren haben.

Das Grundproblem bei dieser Konstruktion des geodätischen Feldes besteht letzten Endes in der Auflösung einer partiellen Differentialgleichung 1. Ordnung mit mehreren (m) gesuchten Funktionen $S_\alpha(x_j)$ (vgl. (23)) mit $\alpha = 1, 2, \ldots, m$ unter Zugrundelegung gewisser „Transversalitätsbedingungen" auf E, und CARATHÉODORY wies in [6] schon darauf hin, daß man eigentlich ($m-1$) dieser Funktionen (etwa $S_2, \ldots, S_m$) im wesentlichen willkürlich vorgeben kann und somit lediglich noch eine partielle Differentialgleichung 1. Ordnung mit *einer* gesuchten Funktion zu lösen braucht. Diese Betrachtungsweise ist aber offensichtlich nur dann gerechtfertigt, wenn man Variationsrechnung im *Kleinen* treibt, also nicht wie wir von vornherein $\mathfrak{B}$ fest vorgibt. Es kann ja z. B. der Fall eintreten, daß bei fester Vorgabe gewisser Funktionen $S_{\alpha'}(x_j)$ ($\alpha' = 2, \ldots, m$) *keine* Lösungsfunktion $S_1(x_j)$ dieser Differentialgleichung im Großen, d. h., für eine Umgebung sämtlicher Punkte der Extremalen E im (x_i)-Raum, existiert, dagegen aber bei einer „geschickteren" anderen Auswahl dieser Funktionen $S_{\alpha'}(x_j)$.

Es ergibt sich also die Frage: Welche notwendigen und hinreichenden Bedingungen können dafür angegeben werden, daß eine solche „geschickte" Auswahl der $S_{\alpha'}$ und damit die Konstruktion eines geodätischen Feldes im Großen, welches E einbettet, möglich ist? Die Antwort darauf wird im § 3 dieser vorliegenden Arbeit gegeben (insbesondere mit der Aussage (77)) mit Hilfe einer Methode, deren Grundkonzeption darin besteht, die auf der einen Seite der oben erwähnten partiellen Differentialgleichung 1. Ordnung stehende

Funktion $\left(\text{mit den Argumenten } x_j \text{ und } \frac{\partial S_\alpha}{\partial x_j}\right)$ als Hamiltonfunktion eines eindimensionalen (also zu einem einfachen Integral gehörenden) Lagrange-Problems aufzufassen. Durch diese Betrachtungsweise wird es möglich, mittels der Theorie der zweiten Variation bei eindimensionalen Lagrange-Problemen — insbesondere unter Verwendung entsprechender Eigenwertkriterien von E. Hölder (vgl. [13] und [14])— die gestellte Frage auf die Diskussion von Eigenwertproblemen zu *gewöhnlichen* linearen Differentialgleichungen zurückzuführen, die von $m-1$ Parametern zusätzlich abhängen.

Es braucht wohl kaum erwähnt zu werden, daß damit eine Vereinfachung der Theorie der zweiten Variation bei Variationsproblemen mit mehrfachem Integral erreicht wird, die auch vom Standpunkt der angewandten Mathematik aus betrachtet einer gewissen Beachtung wert ist; das gilt vor allen Dingen für die erzielten hinreichenden Bedingungen bzgl. der Existenz eines geodätischen Feldes zu E und damit bzgl. des Minimalcharakters einer Lösung der Eulerschen Differentialgleichungen. Das zu dokumentieren ist Inhalt des § 4, in dem die Untersuchungen auf den Fall $m = n-1$ beschränkt werden, um einen unmittelbaren Vergleich mit den Ergebnissen der klassischen Theorie der zweiten Variation bei mehrdimensionalen Variationsproblemen zu erreichen. Abschließend werden einige einfache Beispiele behandelt.

§ 1

Grundbegriffe der Theorie regulärer mehrdimensionaler Variationsprobleme in Parameterdarstellung

a) Eigenschaften der Grundfunktion $f(x_i, p_{(i)})$

Ausgehend von der Problemstellung (1) über dem Parameterbereich $\mathfrak{B}$ der $t_\alpha (\alpha = 1, 2, \ldots, m)$ setzen wir voraus: Die Grundfunktion $f(x_i, p_{(i)})$ ist positiv homogen von 1. Ordnung hinsichtlich der Argumente $p_{(i)}$, d. h.,

$$f(x_i, k p_{(i)}) = k \cdot f(x_i, p_{(i)}) \text{ mit } k > 0. \tag{2}$$

Diese Bedingung (2) als notwendige und hinreichende Bedingung für die Unabhängigkeit des Integrals in (1) gegenüber einer Parametertransformation $(t_\alpha) \to (\tau_\alpha)$ mit positiver Funktionaldeterminante $\frac{\partial(t_1, \ldots, t_m)}{\partial(\tau_1, \ldots, \tau_m)}$ (vgl. etwa [12]) entspricht der Forderung der „Anschauung", daß das Variationsintegral lediglich von der geometrischen Struktur des durch $x_i = x_i(t_\alpha)$ im (x_i)-Raum dargestellten orientierten „Flächenstücks" abhängt[1]).

Aus (2) folgt dann (bei entsprechender Differenzierbarkeit von $f(x_i, p_{(i)})$)

$$f_{p_{(i)}}(x_k, p_{(k)})\, p_{(i)} = f(x_k, p_{(k)}) \tag{2a}$$

und

$$f_{p_{(i)} p_{(j)}}(x_k, p_{(k)}) p_{(j)} = 0.\text{[2])} \tag{2b}$$

Darüber hinaus fordern wir (für spätere Betrachtungen):

(3)

$f(x_j, p_{(j)})$ ist in einem gewissen Bereich T des $(x_j, p_{(j)})$-Raumes fünfmal stetig differenzierbar,

und es ist in T

$$f(x_j, p_{(j)}) > 0. \tag{4}$$

[1]) Diese Invarianzforderung schließt übrigens nach [12] ein, daß wir uns nur auf Integrale der Gestalt (1) zu beschränken brauchen.

[2]) Wir vereinbaren hierbei in üblicher Weise, daß über doppelt auftretende Indizes summiert wird; bei den Sammelindizes $(i) = (i_1 i_2 \ldots i_m)$ heißt das: Summation über sämtliche zulässigen Indexkombinationen (bei $i_1 < i_2 < \cdots < i_m$).

b) Grassmannsche Richtungskoordinaten

Die $p_{(j)}$ als Grassmannsche Richtungskoordinaten, gemäß der in der Einleitung gegebenen Definition, genügen bekanntlich (vgl. [1], S. 43/44) gewissen Relationen vom Typ

$$p_{(i_1 i_2 i_3 \ldots i_m)} p_{(j_1 j_2 i_3 \ldots i_m)} - p_{(j_1 i_2 i_3 \ldots i_m)} p_{(i_1 j_2 i_3 \ldots i_m)} - p_{(j_2 i_2 i_3 \ldots i_m)} p_{(j_1 i_1 i_3 \ldots i_m)} = 0,$$

wobei i_α und j_β irgendwelche natürliche Zahlen von 1 bis n sind. Dividieren wir diese Gleichungen alle durch $\sqrt{p_{(i)} p_{(i)}}$, so erhalten wir Relationen, die wir bezeichnen mit

$$b_\varrho(p_{(i)}) = 0 \quad (\varrho = 1, 2, \ldots, M), \tag{5}$$

und deren Anzahl hier ohne nähere Erläuterung kurz mit M angegeben werden soll; $M' \leqq M$ dieser Relationen seien dabei voneinander unabhängig. Die $b_\varrho(p_{(i)})$ haben außerdem nach Definition die Eigenschaft, positiv homogen von 1. Ordnung in den $p_{(i)}$ zu sein. Voraussetzung bei der durchgeführten Division ist die Bedingung

$$p_{(i)} p_{(i)} \neq 0 \tag{6}$$

die wir in Zukunft stets an die $p_{(i)}$ und damit auch an die Funktionen $x_i(t_\alpha)$ über $\mathfrak{B}$ stellen.

Ist umgekehrt irgendeine beliebige Schar von Größen $p_{(i)}$ gegeben, die r-mal stetig differenzierbar nach ihren Scharparametern sind und die Bedingungen (5) und (6) erfüllen, so kann man stets eine ebenso oft differenzierbare Matrix $(\xi_{i\alpha})_{\alpha=1,\ldots,m}^{i=1,\ldots,n}$ angegeben, deren Grassmannsche Richtungskoordinaten die $p_{(i)}$ sind; die $\xi_{i\alpha}$ erfüllen aber im allgemeinen dann nicht die Integrabilitätsbedingung, lassen sich also nicht als Ableitungen von n Funktionen $x_i(t_\alpha)$ auffassen.[1])

c) Kongruente Grundfunktionen

Die nachfolgende Theorie ist wesentlich an die Bedingung geknüpft, daß die partiellen Ableitungen $f_{p_{(i)}}$ für alle $p_{(j)}$, die auf der Grassmannschen Mannigfaltigkeit im $(p_{(j)})$-Raum liegen — d. h. also, für alle Größen $p_{(j)}$, die die Gleichungen (5) erfüllen —, selber den Relationen

$$b_\varrho(f_{p_{(i)}}) = 0 \quad (\varrho = 1, 2, \ldots, M), \tag{7}$$

genügen.

---

[1]) Ausführlichere Betrachtungen hierzu sind im Anhang I angegeben.

Im allgemeinen wird für $f(x_j, p_{(j)})$ (7) nicht gelten. Nach W. VELTE ([24], S. 373) können wir jedoch wegen (2) und (4) eine zu $f(x_j, p_{(j)})$ „kongruente" Grundfunktion $f^*(x_j, p_{(j)})$ angeben (d. h., eine Funktion $f^*(x_j, p_{(j)})$, die die gleichen Differenzierbarkeitseigenschaften wie $f(x_j, p_{(j)})$ in T aufweist, (2) erfüllt und auf der Grassmannschen $(p_{(j)})$-Mannigfaltigkeit (5) mit $f(x_j, p_{(j)})$ übereinstimmt), und es läßt sich stets $f^*(x_j, p_{(j)})$ so auswählen, daß für $f^*(x_j, p_{(j)})$ (7) erfüllt ist. Da aber für unsere Betrachtungen zum Problem (1) nur solche $p_{(i)}$ interessieren, die die Bedingung (5) erfüllen, unterwerfen wir uns keinerlei Einschränkungen, wenn wir von vornherein in der Problemstellung (1) $f(x_j, p_{(j)})$ durch $f^*(x_j, p_{(j)})$ ersetzen oder für $f(x_j, p_{(j)})$ die Forderung (7) aufstellen.

Zur Vereinfachung der Schreibweise lassen wir übrigens in Zukunft, wenn keine Zweideutigkeit vorliegt, die Indizes an den Argumenten zu f und b_ϱ weg und schreiben abkürzend

$$f_{(i)} = \frac{\partial f}{\partial p_{(i)}} = f_{p_{(i)}}, \quad f_{(i)(j)} = \frac{\partial^2 f}{\partial p_{(i)}\, \partial p_{(j)}} = f_{p_{(i)} p_{(j)}}.$$

d) Das geodätische Feld

Im Sinne von C. CARATHÉODORY heißt ein Feld von m-dimensionalen Flächenelementen $(x, \pi(x_i))$ in einem Gebiet G des n-dimensionalen euklidischen Raumes der x_i $(i = 1, 2, \ldots, n)$ „geodätisch" bezüglich $f(x, p)$, wenn m zweimal stetig differenzierbare Funktionen $S_\alpha(x)$ $(\alpha = 1, 2, \ldots, m)$ in G existieren, welche die Bedingung

$$s_{(i)}(x) = f_{(i)}(x, \pi(x)) \tag{8}$$

erfüllen (die $s_{(i)}(x)$ sind dabei die Richtungskoordinaten zur Matrix $\left(\frac{\partial S_\alpha}{\partial x_i}\right)_{\alpha=1,\ldots,m}^{i=1,\ldots,n}$, also

$$s_{(i)} = s_{(i_1 \ldots i_m)} = \frac{\partial(S_1 \ldots S_m)}{\partial(x_{i_1} \ldots x_{i_m})}\Bigg),$$

so daß also die äußere Differentialform

$$[\Omega] = \sum_{i_1 < i_2 < \ldots < i_m} f_{p_{(i_1 i_2 \ldots i_m)}}(x, \pi)\, dx_{i_1} \wedge dx_{i_2} \wedge \cdots \wedge dx_{i_m}$$

in G ein vollständiges Differential darstellt[1]). Die $\pi_{(i)}(x)$ werden dabei in G als stetig differenzierbare Funktionen vorausgesetzt.

[1]) Vgl. hierzu [3], S. 732 und 736, sowie [24], S. 370 und 374.

Definition: (9)

Wird durch $x_i = e_i(t_\alpha)$, mit zweimal stetig differenzierbaren Funktionen $e_i(t_\alpha)$ für $i = 1, 2, \ldots, n$, eine m-dimensionale Fläche E in G dargestellt, deren Flächenelemente (x, p) in der Menge der Flächenelemente $(x, \pi(x))$ enthalten sind, so sagt man E ist in das geodätische Feld $(x, \pi(x))$ „eingebettet". Wir werden für diesen Sachverhalt die Ausdrucksweise auch benutzen: $(x, \pi(x))$ ist ein geodätisches Feld „zu" E.

Behauptung:

Existiert ein geodätisches Feld zu E, dann erfüllt E die für eine Extremale zu (1) charakteristische Bedingung, den Eulerschen Differentialgleichungen

$$\frac{\partial f_{x_{i\alpha}}}{\partial t_\alpha} - f_{x_i} \equiv \frac{\partial\left(f_{(j)} \dfrac{\partial p_{(j)}}{\partial x_{i\alpha}}\right)}{\partial t_\alpha} - f_{x_i} = 0 \qquad (10)$$

(mit $i = 1, 2, \ldots, n$)

für alle $x_i = e_i(t_\alpha)$ und $x_{i\beta} = \dfrac{\partial x_i}{\partial t_\beta} \equiv \dfrac{\partial e_i}{\partial t_\beta}$ $(\alpha, \beta = 1, 2, \ldots, m)$ zu genügen.

Beweis: Wir setzen $\dfrac{\partial S_\alpha}{\partial x_i} = S_{\alpha i}(x)$ und $c_{\beta\gamma} = S_{\beta r} x_{r\gamma}$ für $\alpha, \beta, \gamma = 1, \ldots, m$ und $i = 1, \ldots, n$. Das algebraische Komplement zu $c_{\beta\gamma}$ in der Matrix $(c_{\alpha\beta})_{\alpha=1,\ldots,n}^{\beta=1,\ldots,m}$ bezeichnen wir mit $\bar{c}_{\beta\gamma}$. Fassen wir in der Erklärung der $c_{\beta\gamma}$ die Größen $S_{\beta r}$ und $x_{r\gamma}$ als unabhängige Variable auf, so erhält man durch Differentiation von

$$c = \operatorname{Det} |c_{\alpha\beta}| = s_{(i)}\, p_{(i)} \text{ nach } S_{\alpha j} \text{ bzw. } x_{j\alpha}$$

die Identitäten:

$$p_{(i)} \frac{\partial s_{(i)}}{\partial S_{\alpha j}} = x_{j\gamma} \delta_{\alpha\beta} \bar{c}_{\beta\gamma} = x_{j\gamma} \bar{c}_{\alpha\gamma} \qquad (10a)$$

bzw.

$$s_{(i)} \frac{\partial p_{(i)}}{\partial x_{j\alpha}} = S_{\beta j} \delta_{\alpha\gamma} \bar{c}_{\beta\gamma} = S_{\beta j} \bar{c}_{\beta\alpha}. \qquad (10b)$$

Wir berechnen nun auf E (also für $x_i = e_i(t_\alpha)$) unter Benutzung von (10b) und (8)

$$\frac{\partial f_{x_{j\alpha}}}{\partial t_\alpha} = \frac{\partial\left(f_{(i)} \dfrac{\partial p_{(i)}}{\partial x_{j\alpha}}\right)}{\partial t_\alpha} = \frac{\partial\left(s_{(i)} \dfrac{\partial p_{(i)}}{\partial x_{j\alpha}}\right)}{\partial t_\alpha} = \frac{\partial (S_{\beta j} \bar{c}_{\beta\alpha})}{\partial t_\alpha} = \frac{\partial S_{\beta j}}{\partial t_\alpha} \bar{c}_{\beta\alpha} + S_{\beta j} \frac{\partial \bar{c}_{\beta\alpha}}{\partial t_\alpha}.$$

Wegen $c_{\beta\gamma} = S_{\beta r} x_{r\gamma} = \frac{\partial S_\beta(e_i)}{\partial t_\gamma}$ auf E und $\frac{\partial^2 S_\beta(e_i)}{\partial t_\gamma \partial t_\alpha} = \frac{\partial^2 S_\beta(e_i)}{\partial t_\alpha \partial t_\gamma}$ erkennt man aus der Determinantendarstellung der $\bar{c}_{\alpha\gamma}$ unmittelbar, daß die Divergenzen $\frac{\partial \bar{c}_{\beta\alpha}}{\partial t_\alpha} = 0$ sind.

Damit ist $\frac{\partial f_{x_{j\alpha}}}{\partial t_\alpha} = \frac{\partial S_{\beta j}}{\partial t_\alpha} \bar{c}_{\beta\alpha} = \frac{\partial^2 S_\beta}{\partial x_j \partial x_k} x_{k\alpha} c_{\beta\alpha}$ und nach (10a) $= \frac{\partial^2 S_\beta}{\partial x_j \partial x_k} p_{(i)} \frac{\partial s_{(i)}}{\partial S_{\beta k}} = \frac{\partial s_{(i)}}{\partial x_j} p_{(i)}$. Wegen (8) ist aber $\frac{\partial s_{(i)}}{\partial x_j} = f_{(i)x_j} + f_{(i)(l)} \frac{\partial \pi_{(l)}}{\partial x_j}$, so daß unter Berücksichtigung von (2a) und (2b) $\frac{\partial f_{x_{j\alpha}}}{\partial t_\alpha} = \frac{\partial s_{(i)}}{\partial x_j} p_{(i)} = f_{(i)x_j} p_{(i)} + f_{(i)(l)} \frac{\partial \pi_{(l)}}{\partial x_j} p_{(i)} = f_{x_j}$ ist, also $\frac{\partial f_{x_{j\alpha}}}{\partial t_\alpha} - f_{x_j} = 0$ gilt, q. e. d..

e) Positiv reguläre Flächenelemente

Ein Flächenelement (x, p^0) in T, für das die Bedingungen (5) und (6) erfüllt sind, heißt positiv regulär, wenn die Legendresche Bedingung

$$f_{(i)(j)}(x, p^0)\, \xi_{(i)} \xi_{(j)} > 0 \tag{11}$$

erfüllt ist für alle $\xi_{(i)}$ mit den Nebenbedingungen $\xi_{(k)} \xi_{(k)} \neq 0$, $\frac{\partial b_\varrho(p^0)}{\partial p_{(i)}} \xi_{(i)} = 0$ und $p^0_{(i)} \xi_{(i)} = 0$[1]) für $\varrho = 1, 2, \ldots, M$.

$\mathfrak{M} = \{(x, p)\}$ sei eine Menge solcher positiv regulärer Flächenelemente aus T in der Umgebung eines positiv regulären Elements (x^0, p^0) — etwa definiert durch $|x_i - x_i^0| < a$, $|p_{(i)} - p^0_{(i)}| < b$ —; dann führen wir nach [24], S. 375 für alle diese $p_{(i)}$ die umkehrbar eindeutige Legendresche Transformation durch:

$$[x_i, p_{(i)}, f(x, p)] \leftrightarrow [x_i, P_{(i)}, F(x, P)]. \tag{12}$$

Diese ist erklärt durch die folgenden Gleichungen

$$P_{(i)} = f f_{(i)},\ F_{(i)} = \frac{p_{(i)}}{f},\ F = f,\ b_{\varrho'}(p) = b_{\varrho'}(P) = 0 \tag{12a}$$

(mit $\varrho' = 1, \ldots, M'$)

---

[1]) Wegen (2b) kann an die Stelle dieser dritten Bedingung auch die Forderung $\xi_{(i)} \neq \lambda p^0_{(i)}$ treten.

bzw. in ihrer Umkehrung durch

$$p_{(i)} = F F_{(i)}, \; f_{(i)} = \frac{P_{(i)}}{F}, \; f = F, \; b_{\varrho'}(P) = b_{\varrho'}(p) = 0. \quad (12\text{b})$$

$F(x, P)$ gewinnt man dabei unmittelbar durch Einführung vorläufig willkürlicher Größen $\mu_{\varrho'}$ und $M_{\varrho'}$ und Auflösung des Gleichungssystems

$$\{P_{(i)} = g g_{(i)}, \; M_{\varrho'} = b_{\varrho'}(p)\} \quad (13)$$

$$\left(\text{mit } g(x, p, \mu_{\varrho'}) \equiv f + \mu_{\varrho'} b_{\varrho'}(p), \; g_{(i)} = \frac{\partial g}{\partial p_{(i)}}\right),$$

nach $p_{(i)}$ und $\mu_{\varrho'}$. Wegen der positiven Regularität der Flächenelemente von $\mathfrak{M}$ und (4) ist die, die Auflösbarkeit von (13) kennzeichnende Funktionaldeterminante $\neq 0$[1]) (siehe [24], S. 375). Die Auflösung von (13) ergibt

$$p_{(i)} = \varphi^*_{(i)}(x, P, M_{\sigma'}), \quad \mu_{\varrho'} = \psi^*_{\varrho'}(x, P, M_{\sigma'}),$$

wobei $c p_{(i)} = \varphi^*_{(i)}(x, cP, cM_{\sigma'})$, $\mu_{\varrho'} = \psi^*_{\varrho'}(x, cP, cM_{\sigma'})$ für $c > 0$ ist. Mit $G(x, P, M_{\sigma'}) \equiv g(x, \varphi^*, \psi^*)$ ergibt sich dann

$$F(x, P) \equiv G(x, P, 0).$$ [2])

Aus dem Charakter der obigen Transformation erkennt man unmittelbar, daß $F(x, P)$ positiv homogen von erster Ordnung in den Argumenten $P_{(i)}$ ist und gemäß Voraussetzung (3), daß $F(x, P)$ nach allen Argumenten fünfmal stetig differenzierbar ist. Darüber hinaus lassen sich auf der Mannigfaltigkeit $\{b_{\varrho'}(P) = 0\}$ leicht die Identitäten

$$\frac{\partial F}{\partial P_{(i)}} = F_{(i)} \quad \text{und} \quad F_{x_i} = -f_{x_i}$$

nachweisen.

Ist (x, p') ein beliebiges Flächenelement aus $\mathfrak{M}$ und $(x, p^0) \in \mathfrak{M}$, so erklären wir die Weierstraßsche $\mathscr{E}$-Funktion durch

$$\mathscr{E}(x, p^0, p') = f(x, p') - f_{(i)}(x, p^0)\, p'_{(i)}. \quad (14)$$

In den großen durch (12a) definierten kanonischen Koordinaten P^0 und P' zu p^0 bzw. p' erklären wir eine entsprechende Weierstraßsche

1) In einer Umgebung von $\mu_{\varrho'} = 0$ $(\varrho' = 1, 2, \ldots, M')$.

2) Man beachte in diesem Zusammenhang auch Anhang II.

$\mathscr{E}$-Funktion durch

$$\mathscr{E}^*(x, P^0, P') = F(x, P^0) - F_{(i)}(x, P') P^0_{(i)}. \tag{14'}$$

Zwischen den beiden definierten Funktionen $\mathscr{E}$ und $\mathscr{E}^*$ besteht dann die Beziehung

$$\mathscr{E}^*(x, P^0, P') = \frac{f(x, p^0)}{f(x, p')} \mathscr{E}(x, p^0, p'). \tag{15}$$

Beweis: Wegen (12b) ist $\mathscr{E}^*(x\ P^0, P')$

$$= F(x, P^0) - F_{(i)}(x, P') P^0_{(i)} = f(x, p^0) - \frac{p'_{(i)}}{F(x, P')} f_{(i)}(x, p^0) f(x, p^0)$$

$$= \frac{f(x, p^0)}{f(x, p')} \{f(x, p') - f_{(i)}(x, p^0) p'_{(i)}\}$$

und nach (14)

$$= \frac{f(x, p^0)}{f(x, p')} \mathscr{E}(x, p^0, p') \text{ q. e. d..}$$

Ist (x, p^0) ein festes Flächenelement von $\mathfrak{M}$, $p_{(i)} = p_{(i)}(t)$ irgendeine willkürliche einparametrige (hinsichtlich t dreimal stetig differenzierbare) Schar von „Punkten“ $(p_{(i)})$ der Grassmannschen Mannigfaltigkeit $b_\varrho(p) = 0$ (mit $\varrho = 1, 2, \ldots, M$) mit $p_{(i)}(0) = p^0_{(i)}$ und $P_{(i)} = P_{(i)}(t) \equiv f(x, p) f_{(i)}(x, p)$ die zugehörige Schar in den großen kanonischen Koordinaten — wir setzen dabei $P_{(i)}(0) = P^0_{(i)}$ —, so erhalten wir aus (14) und (14') nach Taylorscher Formel (bei Entwicklung nach t)[1])

$$\begin{aligned} \mathscr{E}(x, p^0, p(t)) &= \frac{1}{2}\left(f_{(i)(j)}(x, p^0) \frac{dp_{(i)}}{dt} \frac{dp_{(j)}}{dt}\bigg|_{t=0}\right) t^2 + o(t^2) \\ \mathscr{E}^*(x, P^0, P(t)) &= \frac{1}{2}\left(F_{(i)(j)}(x, P^0) \frac{dP_{(i)}}{dt} \frac{dP_{(j)}}{dt}\bigg|_{t=0}\right) t^2 + o(t^2). \end{aligned} \tag{16}$$

Aus (16), (15) und (11) folgt dann unmittelbar die Aussage

$$F_{(i)(j)}(x, P^0) \frac{dP_{(i)}}{dt} \frac{dP_{(j)}}{dt}\bigg|_{t=0} = f_{(i)(j)}(x, p^0) \frac{dp_{(i)}}{dt} \frac{dp_{(j)}}{dt}\bigg|_{t=0} \geqq 0. \tag{17}$$

[1]) Unter Berücksichtigung von (2a), (2b) und der daraus hervorgehenden Beziehung $f_{(i)(j)(k)} p_{(j)} = - f_{(i)(k)}$ bzw. $F_{(i)(j)(k)} P_{(j)} = - F_{(i)(k)}$.

Insbesondere gilt hierbei das „>"-Zeichen, wenn

$$\frac{dp_{(i)}}{dt}\frac{dp_{(i)}}{dt}\bigg|_{t=0} \neq 0 \quad \text{und} \quad \frac{dp_{(i)}}{dt}\bigg|_{t=0} p^0_{(i)} = 0^{1)} \quad \text{ist.}$$

Behauptung: Die Legendresche Bedingung (11) ist äquivalent der Bedingung

$$F_{(i)(j)}(x, P^0)\, \Xi_{(i)}\, \Xi_{(j)} > 0\,, \tag{18}$$

sofern (x, P^0) durch (12) umkehrbar eindeutig dem positiv regulären Flächenelement (x, p^0) zugeordnet ist und die willkürlichen Größen $\Xi_{(i)}$ die Nebenbedingungen erfüllen:

$$\Xi_{(i)}\,\Xi_{(i)} \neq 0, \quad \frac{\partial b_\varrho}{\partial P_{(i)}}(P^0)\,\Xi_{(i)} = 0, \quad P^0_{(i)}\Xi_{(i)} = 0$$

$$\text{für } \varrho = 1, 2, \ldots, M.$$

Beweis: Angenommen es würde für (x, P^0) zu einem bestimmten Vektor $\Xi^*_{(i)}$, der den Nebenbedingungen von (18) genügt, $F_{(i)(j)}(x, P^0)\, \Xi^*_{(i)}\Xi^*_{(j)} \leqq 0$ gelten; dann kann man stets auf der Grassmannschen Mannigfaltigkeit $b_\varrho(P) = 0$ (mit $\varrho = 1, 2, \ldots, M$) eine Vektorfunktion $P_{(i)}(t)$ finden, welche nach t dreimal stetig differenzierbar ist und die Bedingungen erfüllt $P_{(i)}(0) = P^0_{(i)}$, $\frac{dP_{(i)}}{dt}\Big|_{t=0} = \Xi^*_{(i)}$. Ihr wird durch (12b) eine entsprechende Vektorfunktion $p_{(i)}(t)$ mit $p_{(i)}(0) = p^0_{(i)}$ zugeordnet, die die Bedingungen erfüllt

$$\frac{\partial b_\varrho}{\partial p_{(i)}}(p^0)\,\frac{dp_{(i)}}{dt}\bigg|_{t=0} = 0 \quad (\text{wegen } b_\varrho(p(t)) \equiv 0)$$

und

$$\frac{dp_{(i)}}{dt}\frac{dp_{(i)}}{dt}\bigg|_{t=0} \neq 0\,.$$

Die letzte Aussage folgt unmittelbar aus (12a), wonach

$$\frac{dP_{(i)}}{dt}\bigg|_{t=0} = \frac{d(ff_{(i)})}{dt}\bigg|_{t=0} = \left[f_{(i)}f_{(j)}\frac{dp_{(j)}}{dt} + ff_{(i)(j)}\frac{dp_{(j)}}{dt}\right]_{t=0} \quad \text{ist,} \tag{19}$$

so daß aus dem Verschwinden der $\frac{dp_{(j)}}{dt}\Big|_{t=0}$ (für alle Indexkombinationen (j)) das gleiche auch für die $\frac{dP_{(i)}}{dt}\Big|_{t=0}$ folgen würde im Wider-

[1] Bzw. $\frac{dp_{(i)}}{dt}\Big|_{t=0} \neq \lambda p^0_{(i)}$.

spruch zur Annahme über $\Xi^*_{(i)}$. Darüber hinaus kann es aber auch keinen Faktor $\lambda \neq 0$ geben, so daß $\left.\frac{dp_{(i)}}{dt}\right|_{t=0} = \lambda p^0_{(i)}$ ist, denn sonst erhielten wir wegen $\left.\frac{dP_{(i)}}{dt}\right|_{t=0} P^0_{(i)} = 0$ aus (19) durch Faltung mit $P^0_{(i)} = f f_{(i)}|_{t=0}$

$$\left[f f_{(i)} f_{(i)} f_{(j)} \frac{dp_{(j)}}{dt} + f^2 f_{(i)} f_{(i)(j)} \frac{dp_{(j)}}{dt}\right]_{t=0} = 0,$$

und dieses Ergebnis führte mit der Annahme $\left.\frac{dp_{(i)}}{dt}\right|_{t=0} = \lambda p^0_{(i)}$ wegen (2a) und (2b) zu der Gleichung $[\lambda f^2 f_{(i)} f_{(i)}]_{t=0} = 0$ und damit zu $f = 0$ im Widerspruch zu (4). Auf Grund dieser Betrachtungen muß es also eine Konstante a^* und einen Vektor $\xi_{(i)}$ geben, der die Nebenbedingungen von (11) erfüllt und die Gleichungen $\left.\frac{dp_{(i)}}{dt}\right|_{t=0} = \xi_{(i)} + a^* p^0_{(i)}$, so daß nach (17) und (2b)

$$\begin{aligned} F_{(i)(j)}(x, P^0)\, \Xi^*_{(i)} \Xi^*_{(j)} &= f_{(i)(j)}(x, p^0) \left.\frac{dp_{(i)}}{dt} \frac{dp_{(j)}}{dt}\right|_{t=0} \\ &= f_{(i)(j)}(x, p^0)\, \xi_{(i)} \xi_{(j)} > 0 \end{aligned}$$

gilt — im Widerspruch zur Voraussetzung über $\Xi^*_{(i)}$.

Damit ist die Behauptung von (18) in einer Richtung bewiesen; die Umkehrung dieser Aussage ergibt sich vollkommen analog zur obigen Beweisführung, indem man den involutorischen Charakter der Transformation (12) beachtet, also formal die großen und kleinen Buchstaben miteinander vertauscht.

f) Die Weierstraßsche Fundamentalformel

Wir nehmen an, es sei E (im Sinne der Erklärungen und Voraussetzungen von § 1, d) durch die Funktionen $x_i = e_i(t_\alpha)$ für sämtliche Punkte (t_α) zu $\mathfrak{B}$ dargestellt als eine m-dimensionale Hyperfläche in einem Gebiet G des (x_j)-Raumes. Außerdem existiere in G ein geodätisches Feld $(x, \pi(x))$ „zu" E mit den zugeordneten Funktionen $S_\alpha(x)$ (für $\alpha = 1, \ldots, m$) und schließlich seien alle Flächenelemente $(x, \pi(x))$, insbesondere also auch alle Flächenelemente von E, positiv regulär.

Wir vergleichen nun den Wert des Integrals zu (1) „längs" E — geschrieben $J(E)$ — mit dem entsprechenden Wert $J(V)$ „längs" einer anderen in G verlaufenden Vergleichsfläche V zu E. Gemäß den einleitenden Voraussetzungen (vgl. S. 5) können wir V durch $x_i = x_i(t_\alpha)$ darstellen (wobei die $x_i(t_\alpha)$ stetig und stückweise stetig differenzierbar sind in $\mathfrak{B}$) und auf $\mathfrak{R}$ ist $x_i(t_\alpha) = e_i(t_\alpha)$. Wir setzen schließlich noch voraus, daß es zu V ein $\varepsilon > 0$ gibt, so daß in sämtlichen Punkten von V deren zugehörige Richtungskoordinaten $p_{(i)}(t_\alpha)$ die Ungleichung $|p_{(i)} - \pi_{(i)}| < \varepsilon$ erfüllen. Dann ist

$$J(V) - J(E) = \int_V f(x, p)\, dt_1 \ldots dt_m - \int_E f(e, p)\, dt_1 \ldots dt_m$$

$$= \int_V f(x, p)\, dt_1 \ldots dt_m - \int_E f_{(i)}(e, \pi)\, \pi_{(i)}\, dt_1 \ldots dt_m$$

und nach (8)

$$= \int_V f(x, p)\, dt_1 \ldots dt_m - \int_E s_{(i)} \pi_{(i)}\, dt_1 \ldots dt_m,$$

wobei das zweite Integral unabhängig vom „Wege" ist, also ebenso „längs" V erstreckt werden kann. Damit wird

$$J(V) - J(E) = \int_V [f(x, p) - s_{(i)} p_{(i)}]\, dt_1 \ldots dt_m$$

$$= \int_V [f(x, p) - f_{(i)}(x, \pi)\, p_{(i)}]\, dt_1 \ldots dt_m.$$

Das heißt, nach (14), (16) und (17):

$$J(V) - J(E) = \int_V \mathcal{E}(x, \pi(x), p)\, dt_1 \ldots dt_m > 0, \tag{20}$$

sofern über $\varepsilon > 0$ hinreichend klein verfügt wird[1]). Demzufolge liefert (nach (11)) jede Lösung E der Eulerschen Differentialgleichungen, die den Randbedingungen des Problems (1) über $\mathfrak{B}$ genügt und positiv reguläre Flächenelemente besitzt, ein schwaches relatives Minimum von (1) bzgl. aller zu E hinreichend benachbarter Vergleichsflächen V, wenn sich E in ein geodätisches Feld einbetten läßt. Die positive Regularität der Flächenelemente des geodätischen Feldes ist dann aus Stetigkeitsgründen in einer gewissen Umgebung G aller Punkte von E ohnehin erfüllt.

---

[1]) Man beachte dabei, daß der Fall $p_{(i)} = \lambda(x)\, \pi_{(i)}(x)$ für sämtliche Punkte (x_j) von V genau dann auftritt, wenn V mit E identisch ist (deswegen braucht aber dann nicht unbedingt $x_i(t_\alpha) \equiv e_i(t_\alpha)$ zu sein!).

g) Die verallgemeinerte Hamilton-Jacobische Differentialgleichung

Wir setzen die Existenz eines geodätischen Feldes $(x, \pi(x))$, das positiv regulär ist und die zugeordneten Funktionen $S_\alpha(x)$ $(\alpha = 1, 2, \ldots, m)$ besitzt, in einem Gebiet des (x_i)-Raumes voraus. Nach (12) gilt dann zunächst allgemein $F(x, P) = f(x, p)$ und $P_{(i)} = f f_{(i)}$, was zur Identität

$$F(x, f f_{(i)}) = f$$

führt.

Wegen (4) und der positiven Homogenität erster Ordnung von $F(x, P)$ bzgl. der $P_{(i)}$ folgt daraus

$$F(x, f_{(i)}) = 1.$$

Insbesondere muß also für das geodätische Feld wegen (8)

$$F(x, s_{(i)}) = 1 \tag{21}$$

als „verallgemeinerte Hamilton-Jacobische Differentialgleichung" gelten.

Umgekehrt kann man zu dieser partiellen Differentialgleichung 1. Ordnung (21) für m gesuchte Funktionen $S_\alpha(x)$ $(\alpha = 1, 2, \ldots, m)$ — wie schon CARATHÉODORY bemerkt hat — dadurch Lösungen finden, indem man $(m - 1)$ dieser Funktionen willkürlich vorgibt, etwa $S_2(x), \ldots, S_m(x)$ mit Rang $\left(\dfrac{\partial S_{\alpha'}}{\partial x_j}\right)_{\alpha'=2,\ldots,m}^{j=1,\ldots,n} = m - 1$, und (21) als partielle Differentialgleichung 1. Ordnung für die *eine* restliche Funktion $S_1(x)$ auffaßt. Hat man m Funktionen $S_\alpha(x)$ als Lösungen von (21) auf diese Weise ermittelt, so stellt $(x, \pi(x))$ mit

$$\pi_{(i)}(x) = F(x, s_{(j)}(x))\, F_{(i)}(x, s_{(j)}(x)) = F_{(i)}(x, s_{(j)}(x))$$

in der Tat ein geodätisches Feld dar, da aus den Definitionsgleichungen von $P_{(i)}$ nach (12a) und (21) die Bedingung (8) hervorgeht.

Will man schließlich die Untersuchungen von § 1, d) anwenden — und insbesondere (20) —, um den Nachweis eines Minimums für E zu erbringen, so wird an das soeben dargestellte Konstruktionsverfahren zur Bestimmung von Lösungen zu (21) die Zusatzbedingung geknüpft, daß das zu konstruierende geodätische Feld E einbettet. Wie H. BOERNER und im Anschluß daran W. VELTE gezeigt haben (vgl. [2], [23] und [24]), kann man aber auch bei dieser Zusatzbedingung das obige Konstruktionsverfahren beibehalten, wenn man die „willkürlichen" Funktionen $S_{\alpha'}(x)$ $(\alpha' = 2, \ldots, m)$ geeignet vorgibt und voraussetzt, daß die Funktionen $e_i(t_\alpha)$ viermal stetig differenzierbar sind. Das Verfahren von BOERNER und VELTE gestattet aber nur die Konstruktion eines geodätischen Feldes zu E im Kleinen.

§ 2

Die Zuordnung eindimensionaler Lagrange-Probleme

Entsprechend den Bezeichnungen von § 1 setzen wir die Existenz einer Fläche E im (x_i)-Raum voraus, welche dargestellt wird durch die Funktionen $x_i = e_i(t_\alpha)$ für $i = 1, 2, \ldots, n$, $\alpha = 1, 2, \ldots, m$ und $(t_\alpha) \in \mathfrak{B}$. Die Funktionen $e_i(t_\alpha)$ sollen von nun ab die folgenden Voraussetzungen erfüllen:

(22)

Auf dem Rande $\mathfrak{R}$ zu $\mathfrak{B}$ nehmen sie gemäß der Problemstellung (1) vorgegebene Werte an, sind fünfmal stetig differenzierbar, genügen den Eulerschen Differentialgleichungen (10) und besitzen solche partielle Ableitungen 1. Ordnung, daß die zugeordneten Richtungsgrößen $p^0_{(i)}(t_\alpha)$ im Verein mit den Punktkoordinaten $e_i(t_\alpha)$ positiv reguläre Flächenelemente darstellen.

Wir betrachten dann gemäß § 1, g) diejenige partielle Differentialgleichung, die aus (21) durch Vorgabe von Funktionen $S_{\alpha'}(x)$ $(\alpha' = 2, \ldots, m)$ hervorgeht:

$$H\left(x, \frac{\partial S_1}{\partial x_j}\right) \equiv F\left(x, \frac{\partial(S_1 \ldots S_m)}{\partial(x_{i_1} \ldots x_{i_m})}\right) = 1 . \qquad (23)$$

Die $S_{\alpha'}(x)$ sollen dabei in einem Bereich B_1^* des (x_i)-Raumes erklärt sein, der dadurch charakterisiert ist, sämtliche Punkte von E zu enthalten und darüber hinaus zu jedem Punkte (x_j) von E, der nicht Randpunkt von E ist, auch eine n-dimensionale Hyperkugel um (x_j) mit dem Radius $\varrho(x_j) > 0$ ($\varrho(x_j)$ kann durchaus von Punkt zu Punkt auf E verschieden sein und braucht auch keine untere Grenze > 0 zu besitzen)[1]). Außerdem sollen die $S_{\alpha'}(x)$ in B_1^* vorläufig als viermal stetig differenzierbar angenommen werden. Setzen wir abkürzend $y_i = \dfrac{\partial S_1}{\partial x_i}$, so ist auf Grund unserer Voraussetzungen die Existenz

[1]) Die obere Grenze der Abstände aller Punkte zu B_1^* von E liege dabei unter einer hinreichend klein vorgegebenen Schranke $\varepsilon_1 > 0$.

der Ableitungen von $H(x, y)$ bzgl. aller seiner Argumente bis zur dritten Ordnung und deren Stetigkeit in einem gewissen Argumentbereich B^* gewährleistet[1]). B^* können wir etwa ansehen als das direkte Produkt $B_1^* \times B_2^*$, wobei B_2^* als (y_i)-Bereich durch die Bedingung definiert ist:

$$\left| y_i \frac{\partial s_{(j)}(x)}{\partial S_{1i}} - f(e, p^0) f_{(i)}(e, p^0) \right| \leqq \varepsilon_2$$

bei hinreichend kleinem $\varepsilon_2 > 0$, $S_{1i} = \frac{\partial S_1}{\partial x_i}$ und

$$\sum_{i=1}^{n} (x_i - e_i)^2 \leqq \varrho^2(e_i) < \varepsilon_1^2.$$

Behauptung: (24)

$\mathcal{H}(x, y) = H(x, y) - 1$ kann als Hamiltonfunktion eines zugehörigen homogenen Lagrange-Problems mit *einfachem* Integral aufgefaßt werden.

Beweis: Wir konstruieren zu $\mathcal{H}(x, y)$ eine Grundfunktion eines eindimensionalen Lagrangesproblems durch folgendes Verfahren:

Das Gleichungssystem

$$\left.\begin{aligned} \dot{x}_i &= \lambda \mathcal{H}_{y_i}(x, y) + c_{\beta'} S_{\beta' i}(x) \\ N_0 &= \mathcal{H}(x, y) + 1 \\ N_{\alpha'} &= y_j S_{\alpha' j}(x) \end{aligned}\right\} \begin{aligned} &i = 1, \ldots, n \\ &\alpha', \beta' = 2, \ldots, m \end{aligned} \tag{25}$$

$\left(\text{mit } S_{\alpha' j}(x) = \frac{\partial S_{\alpha'}}{\partial x_j}\right)$ bei gegebenen Größen $\dot{x}_i$ $(i = 1, 2, \ldots, n)$, N_0 und $N_{\alpha'}$ $(\alpha' = 2, \ldots, m)$ wird nach den $n + m$ unbekannten Größen y_i, λ und $c_{\beta'}$ aufgelöst.

Wir zeigen zunächst, daß diese Auflösung in eindeutiger Weise stets gewährleistet ist, wenn wir uns bei der Vorgabe der $\dot{x}_i$, N_0 und $N_{\alpha'}$ auf solche Werte beschränken, die in einer hinreichend kleinen Umgebung der Werte $\dot{x}_i^0 = \mathcal{H}_{y_i}(x^0, y^0)$, $N_0^0 = \mathcal{H}(x^0, y^0) + 1$, $N_{\alpha'}^0 = y_j^0 S_{\alpha' j}(x^0)$ mit $(x^0, y^0) \in B^*$ liegen.

Zur Beweisführung dieser Aussage zeigen wir als erstes, daß der

$$\operatorname{Rang}\left(\mathcal{H}_{y_i y_j}(x^0, y^0)\right)_{i,j=1,\ldots,n} = n-m \tag{26}$$

ist.

[1]) Es existieren sogar alle Ableitungen vierter Ordnung bis auf $\frac{\partial^4 H}{\partial x_{i_1} \partial x_{i_2} \partial x_{i_3} \partial x_{i_4}}$, und diese sind wiederum stetig.

Per definitionem (23) ist

$$\mathcal{H}_{y_i y_j}(x^0, y^0) = F_{(l)(r)}\left(x^0, y_k^0 \frac{\partial s_{(j)}(x^0)}{\partial S_{1k}}\right) \frac{\partial s_{(l)}}{\partial S_{1i}} \frac{\partial s_{(r)}}{\partial S_{1j}}. \tag{27}$$

Infolgedessen ist wegen der positiven Homogenität von $H(x, y)$ hinsichtlich der y_i und wegen $\frac{\partial s_{(l)}}{\partial S_{1i}} S_{\alpha' i} = 0$:

$$\mathcal{H}_{y_i y_j}(x^0, y^0)\, y_j^0 = 0, \quad \mathcal{H}_{y_i y_j}(x^0, y^0)\, S_{\alpha' j}(x^0) = 0 \tag{27'}$$
$$\text{für } \alpha' = 2, \ldots, m.$$

Da die m Vektoren (y_i^0) und $(S_{\alpha' i})$ bei hinreichend kleiner Wahl von ε_1 und ε_2 wegen (4) linear unabhängig sind, ist zunächst der Rang von $\left(\mathcal{H}_{y_i y_j}(x^0, y^0)\right)$ nach (27') nicht größer als $n - m$.

Betrachten wir nun die quadratische Form

$$\mathcal{H}_{y_i y_j}(x^0, y^0)\,\eta_i \eta_j = F_{(l)(r)}(x^0, P^0)\left(\frac{\partial s_{(l)}}{\partial S_{1i}}\,\eta_i\right)\left(\frac{\partial s_{(r)}}{\partial S_{1j}}\,\eta_j\right)_{|x_i = x_i^0},$$

so erkennt man unmittelbar nach (18), daß die rechte Seite dieser Gleichung größer als Null ist, wenn $\Xi_{(l)} = \frac{\partial s_{(l)}}{\partial S_{1i}}\,\eta_i|_{x_i = x_i^0}$ den Bedingungen genügt

$$\text{a) } \Xi_{(i)}, \Xi_{(i)} \neq 0, \quad \text{b) } \frac{\partial b_\varrho}{\partial P_{(i)}}(P^0)\,\Xi_{(i)} = 0, \quad \text{c) } P_{(i)}^0\,\Xi_{(i)} = 0$$

mit

$$P_{(i)}^0 = \frac{\partial s_{(i)}}{\partial S_{1j}}\, y_j^0\,|_{x_i = x_i^0}.$$

Die Bedingung b) ist dabei identisch für alle η_i erfüllt auf Grund der speziellen Gestalt von $P_{(i)}^0$, denn aus der Identität $b_\varrho\left(\frac{\partial s_{(i)}}{\partial S_{1j}}\, y_j\right) \equiv 0$ folgt durch Differentiation nach y_i und nachträglichem Ersetzen von y_i durch y_i^0

$$\frac{\partial b_\varrho}{\partial P_{(l)}}(P^0)\,\frac{\partial s_{(l)}(x^0)}{\partial S_{1i}} = 0,$$

also

$$\frac{\partial b_\varrho(P^0)}{\partial P_{(i)}}\,\Xi_{(i)} = \left[\frac{\partial b_\varrho}{\partial P_{(i)}}(P^0)\,\frac{\partial s_{(i)}}{\partial S_{1j}}\right]\eta_j = 0$$

für beliebige η_j.

a) ist gewährleistet, wenn die η_i die Nebenbedingung

$$\text{Rang }(\eta_i, S_{\alpha' i})_{|x_i = x_i^0} = m \tag{28}$$

erfüllen.

Um schließlich noch die Bedingung c) zu interpretieren, beachten wir folgendes: Die $P^0_{(i)}$ stellen die Richtungskoordinaten des m-dimensionalen Flächenelements dar, das von den Vektoren $(S_{\alpha' i}(x^0))$ $(\alpha' = 2, \ldots, m)$ und (y_i^0) im Punkte (x_i^0) aufgespannt wird. Das dazu senkrechte Flächenelement der Dimension $n - m$ im n-dimensionalen euklidischen Raum — es werde aufgespannt von den Vektoren $(u_{\sigma i})$ $(\sigma = 1, 2, \ldots, n - m)$ — genügt dann mit seinen Richtungskoordinaten $Q_{(j_1, \ldots, j_{n-m})}$ bis auf einen nicht näher bestimmten Faktor $k \neq 0$ den Relationen (vgl. [1], S. 38)

$$Q_{[i]} = k(-1)^s P^0_{(i)} \quad \text{mit} \quad s = \sum_{\nu=1}^{m} i_\nu + \frac{m(m+1)}{2} \tag{29}$$

($[i]$ bezeichnet dabei die Folge der Indizes, die aus $1, 2, \ldots, n$ durch Streichung der Indizes von $(i) = (i_1, \ldots, i_m)$ entsteht). Nach dem Laplaceschen Entwicklungssatz über Determinanten ist dann aber die Bedingung c) nach (29) gleichwertig mit der Relation:

die Determinante n-ter Ordnung

$$\begin{vmatrix} u_{\sigma 1} & S_{\alpha' 1}(x^0) & \eta_1 \\ \cdot & \cdot & \cdot \\ \cdot & \cdot & \cdot \\ \cdot & \cdot & \cdot \\ u_{\sigma n} & S_{\alpha' n}(x^0) & \eta_n \end{vmatrix} = 0, \qquad \begin{aligned} \sigma &= 1, 2, \ldots, n - m, \\ \alpha' &= 2, \ldots, m. \end{aligned}$$

Diese Aussage hat aber nach (28) und der Definition der Vektoren $(u_{\sigma i})$ zur Folge, daß der Rang $(y_i^0, \eta_i, S_{\alpha' i}) = m + 1$ ist.

Fassen wir diese Ergebnisse zusammen, so erhalten wir das Resultat

$$\mathcal{H}_{y_i y_j}(x^0, y^0)\, \eta_i \eta_j > 0 \tag{30}$$

unter den Nebenbedingungen

$$\text{Rang}\left(\eta_i, y_i^0, S_{\alpha' i}(x^0)\right) = m + 1.$$

Nach der Theorie quadratischer Formen ist mit (30) und (27′) zugleich auch (26) bewiesen.

Speziell folgt aus (30), daß auch $\mathcal{H}_{y_i y_j}(x^0, y^0)\, \eta_i^* \eta_j^* > 0$ ist für alle η_i^*, die die Bedingungen $\eta_i^* \eta_i^* \neq 0$, $\eta_i^* S_{\alpha' i}(x^0) = 0$ $(\alpha' = 2, \ldots, m)$ und $\eta_i^* \mathcal{H}_{y_i}(x^0, y^0) = 0$ erfüllen.

Anderenfalls müßte nach (30) und (27') (η_i^*) eine Linearkombination der Vektoren (y_i^0) und $\bigl(S_{\alpha' i}(x^0)\bigr)$ sein, also vom Typ

$$\eta_i^* = a_0 y_i^0 + a_{\alpha'} S_{\alpha' i}(x^0).$$

Falten wir diese Gleichungen mit $\mathcal{H}_{y_i}(x^0, y^0)$ (unter Beachtung von $y_i^0 \mathcal{H}_{y_i}(x^0, y^0) = H(x^0, y^0)$ und der Tatsache, daß aus (23) wegen $\frac{\partial s_{(i)}}{\partial S_{1j}} S_{\alpha' j} = 0$ die Gleichung $\mathcal{H}_{y_i} S_{\alpha' i} = 0$ folgt), so würde daraus $a_0 H(x^0, y^0) = 0$ folgen; diese Relation kann aber wegen $F = f > 0$ also auch $H > 0$ nur durch $a_0 = 0$ befriedigt werden. Aus $\eta_i^* = a_{\alpha'} S_{\alpha' i}(x^0)$ erhält man durch Faltung mit η_i^* aber $\eta_i^* \eta_i^* = 0$ im Widerspruch zu den Voraussetzungen über (η_i^*); damit ist aber die obige Behauptung bewiesen.

Insbesondere ist nun auch auf Grund dieser Aussage die Determinante $(n + m)$-ter Ordnung

$$\begin{vmatrix} \mathcal{H}_{y_i y_j}(x^0, y^0) & \mathcal{H}_{y_i}(x^0, y^0) & S_{\beta' i}(x^0) \\ \mathcal{H}_{y_j}(x^0, y^0) & 0 & 0 \\ S_{\alpha' j}(x^0) & 0 & 0 \end{vmatrix}_{\substack{i, j = 1, \ldots, n, \\ \alpha', \beta' = 2, \ldots, m}} \neq 0, \tag{31}$$

so daß wir aus (25) für eine gewisse Umgebung von $y_i = y_i^0$, $\lambda = 1$, $c_{\beta'} = 0$ $(\beta = 2, \ldots, m)$ die Auflösung erhalten

$$\left.\begin{aligned} y_i &= \psi_i(x_j, \dot{x}_j, N_0, N_{\beta'}) \\ \lambda &= \Lambda(x_j, \dot{x}_j, N_0, N_{\beta'}) \\ c_{\alpha'} &= g_{\alpha'}(x_j, \dot{x}_j, N_0, N_{\beta'}) \end{aligned}\right\} \text{für } i, j = 1, \ldots, n, \; \alpha', \beta' = 2, \ldots, m. \tag{32}$$

Die Funktionen ψ_i, Λ und $g_{\alpha'}$ sind dabei auf Grund unserer Voraussetzungen über $f(x, p)$ und $S_{\alpha'}(x)$ nach allen Argumenten dreimal stetig differenzierbar.

Aus den Identitäten

$$\begin{aligned} \dot{x}_i &\equiv \Lambda \mathcal{H}_{y_i}(x, \psi) + g_{\beta'} S_{\beta' i}, \\ N_0 &\equiv \mathcal{H}(x, \psi) + 1, \\ N_{\alpha'} &\equiv \psi_j S_{\alpha' j}(x) \end{aligned} \tag{25'}$$

ergibt sich nach einer leichten Rechnung unter Differentiation von (25') nach N_0

$$\frac{\partial \Lambda}{\partial N_0} = \begin{vmatrix} \Lambda \mathcal{H}_{y_i y_j}(x, \psi) & 0 & S_{\beta' i}(x) \\ \mathcal{H}_{y_j}(x, \psi) & 1 & 0 \\ S_{\alpha' j}(x) & 0 & 0 \end{vmatrix} \cdot \begin{vmatrix} \Lambda \mathcal{H}_{y_i y_j}(x, \psi) & \mathcal{H}_{y_i}(x, \psi) & S_{\beta' i}(x) \\ \mathcal{H}_{y_j}(x, \psi) & 0 & 0 \\ S_{\alpha' j}(x) & 0 & 0 \end{vmatrix}^{-1}.$$

Wegen (31) ist zunächst der zweite Faktor dieses Ausdrucks in einer gewissen Umgebung von $x_i = x_i^0$, $\dot{x}_i = \dot{x}_i^0$, $N_0 = N_0^0$, $N_{\alpha'} = N_{\alpha'}^0$ existent; der erste Faktor dagegen verschwindet identisch nach dem Entwicklungssatz über geänderte Determinanten (vgl. [18], S. 81), da die Matrix $(\mathcal{H}_{y_i y_j}(x, \psi))$ nach (26) den Rang $n - m$ besitzt. Es gilt damit also $\dfrac{\partial \Lambda}{\partial N_0} \equiv 0$, und auf die gleiche Art und Weise zeigt man die weiteren Identitäten

$$\frac{\partial \Lambda}{\partial N_{\alpha'}} \equiv 0, \quad \frac{\partial g_{\beta'}}{\partial N_0} \equiv 0, \quad \frac{\partial g_{\beta'}}{\partial N_{\alpha'}} \equiv 0.$$

Das heißt, die Funktionen Λ und $g_{\alpha'}$ ($\alpha' = 2, \ldots, m$) hängen gar nicht von N_0 und $N_{\alpha'}$ ab. Wir setzen deshalb

$$\Lambda = \mathcal{F}(x, \dot{x}), \quad g_{\alpha'} = G_{\alpha'}(x, \dot{x}). \tag{33}$$

Aus (25') ist darüber hinaus unmittelbar zu erkennen, daß die durch (33) definierten Funktionen hinsichtlich der $\dot{x}_j$ positiv homogen von erster Ordnung sind.

Wir wollen nun noch die Funktionen ψ_i explizit durch $\mathcal{F}(x, \dot{x})$ und $G_{\alpha'}(x, \dot{x})$ ausdrücken. Dazu differenzieren wir die ersten n Gleichungen von (25') nach $\dot{x}_j$ und erhalten die Identitäten

$$\delta_{ij} \equiv \mathcal{F}_{\dot{x}_j} \mathcal{H}_{y_i}(x, \psi) + \mathcal{F} \mathcal{H}_{y_i y_k}(x, \psi) \frac{\partial \psi_k}{\partial \dot{x}_j} + \frac{\partial G_{\beta'}}{\partial \dot{x}_j} S_{\beta' i} \quad (i, j = 1, 2, \ldots, n).$$

Nach Faltung dieser Gleichungen mit ψ_i folgt

$$\psi_j \equiv \mathcal{F}_{\dot{x}_j} \mathcal{H}_{y_i}(x, \psi) \psi_i + \mathcal{F} \frac{\partial \psi_k}{\partial \dot{x}_j} \mathcal{H}_{y_i y_k}(x, \psi) \psi_i + \frac{\partial G_{\beta'}}{\partial \dot{x}_j} N_{\beta'}$$

und wegen $\mathcal{H}_{y_i} = H_{y_i}$, $\mathcal{H}_{y_i y_j} = H_{y_i y_j}$ und der positiven Homogenität von $H(x, y)$ hinsichtlich der y_i schließlich

$$y_j = \psi_j(x_i, \dot{x}_i, N_0, N_{\alpha'}) \equiv N_0 \mathcal{F}_{\dot{x}_j} + N_{\alpha'} \frac{\partial G_{\alpha'}}{\partial \dot{x}_j} \tag{34}$$

für $j = 1, 2, \ldots, n$.

Fassen wir die bisherigen Ergebnisse dieses Abschnitts zusammen, so können wir unter besonderer Berücksichtigung von (32), (33) und (34) die durch (25) definierte im Kleinen umkehrbar eindeutige Transformation

$$[x_j, \dot{x}_j, N_0, N_{\alpha'}] \leftrightarrow [x_j, y_j, \lambda, c_{\beta'}] \tag{35}$$

durch die Formeln darstellen

$$y_i = N_0 \mathcal{F}_{\dot{x}_i} + N_{\beta'} \frac{\partial G_{\beta'}}{\partial \dot{x}_i}, \quad \lambda = \mathcal{F}(x, \dot{x}), \quad c_{\alpha'} = G_{\alpha'}(x, \dot{x}), \tag{35a}$$

$$\dot{x}_i = \lambda \mathcal{H}_{y_i}(x, y) + c_{\beta'} S_{\beta' i}(x), \; N_0 = \mathcal{H}(x, y) + 1, \; N_{\alpha'} = y_j S_{\alpha' j}(x) \tag{35b}$$

$$(i, j = 1, 2, \ldots, n; \quad \alpha', \beta' = 2, 3 \ldots, m).$$

Zum Beweis von (24) zeigen wir nun, daß $\mathcal{F}(x_j, \dot{x}_j)$ die Grundfunktion eines Lagrange-Problems

$$\int_{\tau_0}^{\tau^*} \mathcal{F}(x, \dot{x})\, d\tau \to \text{Minimum} \tag{36}$$

unter den Nebenbedingungen $\dot{x}_i \dot{x}_i \neq 0$ und $G_{\alpha'}(x, \dot{x}) = 0$ für $\alpha' = 2, \ldots, m$ ist,

zu der $\mathcal{H}(x, y)$ eine zugehörige Hamiltonfunktion darstellt. An Stelle von (36) können wir gemäß der Theorie eindimensionaler Lagrange-Probleme auch von dem Variationsproblem

$$\int_{\tau_0}^{\tau^*} \{\mathcal{F}(x, \dot{x}) + N_{\beta'} G_{\beta'}(x, \dot{x})\}\, d\tau \to \text{Minimum} \tag{36'}$$

unter den Nebenbedingungen $\dot{x}_i \dot{x}_i = 0$ und $G_{\alpha'}(x, \dot{x}) = 0$ $(\alpha = 2, \ldots, m)$

ausgehen, wobei die $N_{\beta'}$ als irgendwelche Parameter aufgefaßt werden. Die zu beweisende Wechselbeziehung zwischen $\mathcal{H}(x, y)$ und $\mathcal{F}(x, \dot{x})$ geht aber unmittelbar daraus hervor, daß (nach S. 20) und (35a; b) in B^*

a) $\mathcal{H}(x, y)$ nach allen Argumenten zweimal stetig differenzierbar ist,

b) $\mathcal{H}_{y_i}(x, y)\, \mathcal{H}_{y_i}(x, y) \neq 0$ gilt und

c) $\mathcal{H}(x, y) \equiv 0$ für $y_j = \mathcal{F}_{\dot{x}_j} + N_{\alpha'} \dfrac{\partial G_{\alpha'}}{\partial \dot{x}_j}$ ist[1]).

---

[1]) Für diese Argumente ist ja nach (35a) $H = N_0 = 1$ also $\mathcal{H}(x, y) = 0$.

a), b) und c) sind aber gerade die charakteristischen Eigenschaften einer Hamiltonfunktion zum Lagrange-Problem (36) bzw. (36′), also zu $\mathcal{F}(x, \dot{x})$ (vgl. [8], S. 218, 353 und 358). Damit ist aber (24) bewiesen.

Abschließend zu diesem Kapitel seien noch einige weitere Eigenschaften von $\mathcal{F}(x, \dot{x})$ und $G_{\alpha'}(x, \dot{x})$ hervorgehoben. Aus (25) und (35a) folgt durch Faltung mit $S_{\alpha' j}(x)$ die Identität

$$N_{\alpha'} \equiv N_0 \mathcal{F}_{\dot{x}j}(x, \dot{x})\, S_{\alpha' j}(x) + \frac{\partial G_{\beta'}}{\partial \dot{x}_j} S_{\alpha' j}(x)\, N_{\beta'}$$

für $\alpha', \beta' = 2, 3, \ldots, m$ und beliebige $\dot{x}_j$, $N_{\alpha'}$ und N_0. Daraus ergibt sich aber notwendig das Bestehen der Relationen

$$\left.\begin{aligned} \mathcal{F}_{\dot{x}_j}(x, \dot{x})\, S_{\alpha' j}(x) &= 0 \\ \delta_{\alpha'\beta'} &= \frac{\partial G_{\beta'}}{\partial \dot{x}_j} S_{\alpha' j}(x) \end{aligned}\right\} \quad (\alpha'\, \beta' = 2, \ldots, m).$$

Behauptung: (37)

Die Bedingungen $\{G_{\alpha'}(x, \dot{x}) = 0\}$ für $\alpha' = 2, 3, \ldots, m$ sind äquivalent mit der Forderung $\{S_{\beta' i}(x)\, \dot{x}_i = 0\}$ für $\beta' = 2, 3, \ldots, m$.

Beweis: a) Es sei $G_{\alpha'}(x, \dot{x}) = 0$ für alle $\alpha' = 2, \ldots, m$ erfüllt. Nach (35b) gilt dann $\dot{x}_i = \lambda\, \mathcal{H}_{y_i}(x, y)$ $(i = 1, \ldots, n)$ und wegen $\mathcal{H}_{y_i}(x, y)\, S_{\beta' i}(x) = 0$ (mit $\beta' = 2, \ldots, m$) $\dot{x}_i\, S_{\beta' i}(x) = 0$, womit der erste Teil des Beweises erbracht worden ist.

b) Wir nehmen jetzt an, es ist $\dot{x}_i\, S_{\beta' i}(x) = 0$ erfüllt für $\beta' = 2, \ldots, m$. Falten wir die ersten n Gleichungen von (35b) mit $S_{\alpha' i}(x)$, so erhalten wir wegen $\mathcal{H}_{y_i}(x, y)\, S_{\alpha' i} = 0$ die $m-1$ Gleichungen $\dot{x}_i\, S_{\alpha' i} = (c_{\beta'}\, S_{\beta' i})\, S_{\alpha' i}$ für $\alpha' = 2, \ldots, m$ also nach Annahme $(c_{\beta'}\, S_{\beta' i})\, S_{\alpha' i} = 0$; d. h., die Linearkombination $(c_{\beta'}\, S_{\beta' i})$ von $S_{\beta' i}$ ist orthogonal zu sämtlichen Vektoren $(S_{\alpha' i})$. Dieser Sachverhalt kann aber offensichtlich nur dann sinnvoll sein, wenn sämtliche $c_{\beta'} = 0$ sind $(\beta' = 2, \ldots, m)$ also $G_{\beta'}(x_j, \dot{x}_j) = 0$ gilt, q. e. d..

Da die Funktionen $G_{\beta'}(x, \dot{x})$ dreimal stetig differenzierbar sind, können wir nach CARATHÉODORY (vgl. [7] S. 216) die $G_{\beta'}(x, \dot{x})$ als lineare Formen nach den Funktionen $\dot{x}_i\, S_{\alpha' i}(x)$ darstellen, d. h.:

(37′)

Es existieren in unserem Falle zweimal stetig differenzierbare Funktionen $B_{\alpha'\beta'}(x, \dot{x})$, so daß $G_{\beta'} = B_{\beta'\alpha'}\dot{x}_i\, S_{\alpha' i}$ ist mit $\operatorname{Det} |B_{\alpha'\beta'}| \neq 0$.

An Stelle von (36) bzw. (36′) können wir folglich auch das äquivalente Variationsproblem betrachten:

$$\int_{\tau_0}^{\tau^*} \{\mathcal{F}(x, \dot{x}) + n_{\beta'} S_{\beta' i}(x)\, \dot{x}_i)\}\, d\tau \rightarrow \text{Minimum} \tag{38}$$

unter den Nebenbedingungen $\dot{x}_i \dot{x}_i \neq 0$ und $S_{\beta' i} \dot{x}_i = 0$ für $\beta' = 2, \ldots, m$.

Zwischen den $N_{\alpha'}$ und $n_{\beta'}$ besteht dann die Relation $n_{\beta'} = B_{\alpha'\beta'} N_{\alpha'}$, wie man unmittelbar aus (37′) erkennt. Längs der Extremalkurven des Variationsproblems (36) bzw. (38), die bekanntlich durch das kanonische Differentialgleichungssystem

$$\dot{x}_i = \mathcal{H}_{y_i}(x, y),\ \dot{y}_i = -\mathcal{H}_{x_i}(x, y) \quad (i = 1, \ldots, n) \tag{39}$$

und die Normierungsbedingung $\mathcal{H}(x, y) = 0$ charakterisiert werden, gilt dann wegen $\mathcal{H}_{y_i} S_{\alpha' i} = 0$ und (37′) von selbst $G_{\beta'}(x, \dot{x}) = 0$ bzw. $\dot{x}_i S_{\alpha' i} = 0$ und nach (35) $\mathcal{F}(x, \dot{x}) = 1$. Die Differentialgleichungen (39) sind dabei zugleich die charakteristischen Gleichungen zur Hamilton-Jacobischen Differentialgleichung (23), die gemäß den einleitenden Betrachtungen dieses Kapitels zur Bestimmung der Funktion $S_1(x)$ für den Aufbau eines geodätischen Feldes zum ursprünglichen mehrdimensionalen Variationsproblem (1) dienen.

Schließlich sei noch folgender Sachverhalt kurz angedeutet. Setzen wir die Gleichungen (35b) in (35a) ein und differenzieren wir nachträglich diese entstehenden Ausdrücke nach y_j, so erhalten wir Relationen, die unmittelbar die Gültigkeit der Gleichung

$$\mathcal{H}_{y_i y_j}(x^0, y^0)\, \eta_i \eta_j = L_{\dot{x}_i \dot{x}_j}(x, \dot{x}^0, N^0_{\alpha'})\, \xi_i \xi_j \quad \text{mit} \quad \xi_i = \mathcal{H}_{y_i y_j} \eta_j \tag{40}$$

im Sinne der Bezeichnungen von S. 20 für x_i^0, y_i^0, $N^0_{\alpha'}$ und $\dot{x}_i^0$, wobei $L(x^0, \dot{x}^0, N^0_{\alpha'}) = \mathcal{F}(x^0, \dot{x}^0) + N^0_{\alpha'} G_{\alpha'}(x^0, \dot{x}^0)$ gesetzt ist, erkennen lassen. Aus (40) und (30) läßt sich dann leicht die positive Regularität des Linienelements $(x^0, \dot{x}^0)$ zu $N^0_{\alpha'} = y_i^0 S_{\alpha' j}(x^0)$ nachweisen, d. h. das Bestehen der Legendreschen Bedingung zum Lagrangeproblem (36′)

$$L_{\dot{x}_i \dot{x}_j}(x^0, \dot{x}^0, N^0_{\alpha'})\, \xi_i^* \xi_j^* > 0 \tag{40'}$$

für alle ξ_i^*, die die Bedingungen $\xi_i^* \xi_i^* \neq 0$, $\xi_i^* \dot{x}_i^0 = 0$ und $\xi_i^* S_{\alpha' i}(x^0) = 0$ $(\alpha' = 2, \ldots, m)$ erfüllen.

§ 3

Die Konstruktion geodätischer Felder im Großen

a) Konstruktion spezieller Hilfsfunktionen $S_{\alpha'}(x)$

Es sei E ein Extremalflächenstück im (x_i)-Raum im Sinne der einleitenden Voraussetzungen von § 2), E besitze also über $\mathfrak{B}$ die Darstellung $x_i = e_i(t_\alpha)$ mit fünfmal stetig differenzierbaren Funktionen $e_i(t_\alpha)$. Die Voraussetzungen an $f(x, p)$ seien durch (2), (3), (4) und (7) gekennzeichnet; wir haben somit insbesondere die Funktionen $f_{(i)}(e, p^0(t_\alpha))$ als viermal stetig differenzierbare Funktionen von t_α über $\mathfrak{B}$ vorliegen. Die Wahl der Parameter t_α sei so getroffen, daß auf E gilt

$$f(e, p^0) = 1 \qquad \left(\text{mit } p^0_{(i)} = \frac{\partial(e_{i_1} \ldots e_{i_m})}{\partial(t_1 \ldots t_m)}\right).^{1)} \tag{41}$$

An den Grundbereich $\mathfrak{B}$ im (t_α)-Raum stellen wir die Forderung, in folgender Weise darstellbar zu sein:

$$\begin{aligned} a_{\alpha'} &\leqq t_{\alpha'} \leqq b_{\alpha'} \\ 0 &\leqq t_1 \leqq \Phi(t_{\alpha'}) \end{aligned} \qquad \text{für} \quad \alpha' = 2, \ldots, m \tag{42}$$

bei geeigneten Konstanten $a_{\alpha'}$, $b_{\alpha'}$ und einer zunächst als stetig angenommenen Funktion $\Phi(t_{\alpha'}) > 0$ über dem Bereich $a_{\alpha'} \leqq t_{\alpha'} \leqq b_{\alpha'}$ $(\alpha' = 2, \ldots, m)$, den wir der Kürze halber mit $\mathfrak{K}$ bezeichnen. $\mathfrak{B}$ soll also ein „einseitig deformierter" Quader der Dimension m sein. Hinzu nehmen wir die Bedingung, daß die Funktionen $x_i = e_i(t_\alpha)$ als fünf-

---

[1]) Diese Bedingung stellt aber *keine* Einschränkung für $e_i(t_\alpha)$ und $f(x, p)$ dar. Denn ist etwa $f(e(t_\alpha), p^0(t_\alpha)) \not\equiv 1$ aber > 0 (gemäß (4)), so wird mit der Variablen-Transformation

$$\tau_1 = \int_0^{t_1} f(e, p^0(t_\alpha))\, dt_1 \equiv \chi(t_\alpha), \qquad \tau_{\alpha'} = t_{\alpha'} \qquad \text{für } \alpha' = 2, \ldots, m$$

wegen $\dfrac{\partial(\tau_1 \ldots \tau_m)}{\partial(t_1 \ldots t_m)} = f(e, p^0) > 0$ das Gewünschte erzielt. Drücken wir nämlich die Koordinaten x_i von E durch die neuen Variablen τ_α aus: $x_i = e^*_i(\tau_\alpha)$, so daß $e^*_i(\chi, t_{\alpha'}) \equiv e_i(t_\alpha)$ ist, also $p^*_{(i)}(\tau_\alpha) = p^0_{(i)}(t_\alpha) f(e, p^0)^{-1}$ gilt, so folgt nach (2) $f(e^*, p^*) = f(e, p^0 f^{-1}) = 1$ $\left(p^*_{(i)} = \dfrac{\partial(e^*_{i_1} \ldots e^*_{i_m})}{\partial(\tau_1 \ldots \tau_m)}\right)$.

mal stetig differenzierbare Lösungen der Eulerschen Differentialgleichungen (10) auch noch in einem Bereich $\mathfrak{B}_0$ erklärt sind, der $\mathfrak{B}$ ganz in seinem Inneren enthält; das zugehörige Flächenstück im (x_i)-Raum nennen wir E_0. Wir setzen voraus:

(42')

Durch $x_i = e_i(t_\alpha)$ werde auch im Großen eine umkehrbar eindeutige Abbildung der Punkte (x_j) von E_0 auf $\mathfrak{B}_0$ vermittelt; mehrfach zusammenhängende Extremalflächenstücke E_0 werden also aus unseren Betrachtungen ausgeschlossen.[1])

Um die Betrachtungen von § 2 zu vertiefen und gleichzeitig die am Schluß von § 1 angedeuteten Methoden zur Konstruktion eines geodätischen Feldes „zu“ E anzugeben, erklären wir jetzt die Funktionen $S_{\alpha'}(x)$ durch folgendes spezielles Verfahren.

Wir betrachten zunächst auf E_0 die Gesamtheit aller viermal stetig differenzierbaren Flächenelemente $\mathfrak{f}_{(i)}(e, p^0(t_\alpha))$ (für $(t_\alpha) \in \mathfrak{B}_0$). Entsprechend den abschließenden Bemerkungen zu § 1b) können wir dann viermal stetig differenzierbare Funktionen $\mathfrak{z}_{\beta i}(t_\alpha)$ $(\beta = 1, \ldots, m;$ $i = 1, \ldots, n)$ angeben, so daß in $\mathfrak{B}_0$

$$\mathfrak{f}_{(i)}(e, p^0(t_\alpha)) = \operatorname{Det} |\mathfrak{z}_{\beta i_1} \ldots \mathfrak{z}_{\beta i_m}|_{\beta=1,\ldots,m}{}^{2)}$$

ist. Wegen $\mathfrak{f}_{(i)}\mathfrak{f}_{(i)} \neq 0$ (gemäß (4)) spannen diese m Vektoren $(\mathfrak{z}_{\beta i})$ in jedem Punkte von E_0 eine m-dimensionale Hyperebene $\mathcal{H}_m$ auf. Entsprechend zu (29) existieren dann stets viermal stetig differenzierbare Funktionen $q_{\varrho i}(t_\alpha)$ $(\varrho = 1, \ldots, n-m;\ i = 1, \ldots, n)$, welche $n-m$ Vektoren im (x_i)-Raum darstellen, die in jedem Punkte von E_0 die zu $\mathcal{H}_m$ orthogonale $(n-m)$-dimensionale Hyperebene $\mathcal{H}_{n-m}$ aufspannen und der Bedingung genügen

$$q_{[i]} = (-1)^s\, \mathfrak{f}_{(i)}(e, p^0(t_\alpha)) \quad \text{mit} \quad s = \sum_{\nu=1}^{m} i_\nu + \frac{m(m+1)}{2}. \tag{43}$$

Dabei ist $q_{[i]} = \operatorname{Det} |q_{\varrho j_1} \ldots q_{\varrho j_{n-m}}|$ und $j_1, \ldots, j_{n-m}$ diejenige Indexkombination, die aus $1, 2, \ldots, n$ durch Streichung sämtlicher Indizes von $(i) = (i_1, \ldots, i_m)$ hervorgeht. Nach W. Velte ([24], S. 377) nennen wir ein solches $(n-m)$-dimensionales Flächenelement $(e, q_{[i]})$, das den Bedingungen (43) genügt, zum m-dimensionalen Flächenelement $(e, p^0(t_\alpha))$ „transversal“.

---

[1]) Ohne uns einzuschränken, können wir annehmen, daß $\mathfrak{B}_0$ so wenig größer als $\mathfrak{B}$ ist, daß über $\mathfrak{B}_0$ auch noch die Voraussetzungen (22) erfüllt sind.

[2]) Daß diese Darstellung auch im Großen möglich ist, wird in Anhang I gezeigt.

Wir stellen nun die Funktionen auf

$$x_i = \mathfrak{x}_i(t_\alpha, u_\varrho) \equiv e_i(t_\alpha) + u_\varrho\, q_{\varrho i}(t_\alpha) + \frac{u_\varrho u_\sigma r_{\varrho\sigma i}(t_\alpha)}{2} \text{ für } (t_\alpha) \in \mathfrak{B}, \tag{44}$$

wobei die Funktionen $r_{\varrho\sigma i}(t_\alpha)$ $(\varrho, \sigma = 1, \ldots, n-m, \quad i = 1, \ldots, n)$ irgendwelche viermal stetig differenzierbare Funktionen seien, deren spezielle Wahl wir uns noch vorbehalten. Es sei lediglich $r_{\varrho\sigma i} = r_{\sigma\varrho i}$. Fassen wir in (44) die t_α als Parameter auf, die u_ϱ als Variable, so wird durch die Funktionen $x_i = \mathfrak{x}_i(t_\alpha, u_\varrho)$ eine m-parametrige Schar von $(n-m)$-dimensionalen Hyperflächen dargestellt. Diese Hyperflächen besitzen nach Konstruktion in den Punkten von E_0 Flächenelemente, die mit $(x, q_{[i]})$ übereinstimmen, also mit den transversalen Flächenelementen zu $\left(e_j, p^0_{(j)}(t_\alpha)\right)$ von E_0. Wir sagen kurz: Die genannten $(n-m)$-dimensionalen Hyperflächen „schneiden" E_0 transversal. Weiterhin erkennt man aus (44), daß die Krümmungseigenschaften dieser Hyperflächen auf E_0 durch die $r_{\varrho\sigma i}$ charakterisiert sind.

Durch (44) wird zunächst eine umkehrbar eindeutige Transformation $(x_j) \leftrightarrow (t_\alpha, u_\varrho)$ „im Kleinen" erklärt, wenn wir uns auf hinreichend kleine Beträge von $|u_\varrho|$ beschränken. Nach (43) ist nämlich

$$\left.\frac{\partial(\mathfrak{x}_1, \ldots, \mathfrak{x}_n)}{\partial(t_1, \ldots, t_m, u_1, \ldots, u_{n-m})}\right|_{u_\varrho=0} = \text{Det.}\left(\frac{\partial e_i}{\partial t_\alpha}\middle| q_{\varrho i}\right) = p^0_{(i)} f_{(i)}(e, p^0),$$

also nach (2) und (41) $= f(e, p^0) = 1$.

Somit existieren in einer hinreichend kleinen Umgebung jedes Punktes (x_j) von E_0 die Auflösungen des Gleichungssystems (44)

$$t_\alpha = T_\alpha(x), \qquad u_\varrho = U_\varrho(x), \qquad \begin{matrix} \alpha = 1, \ldots, m \\ \varrho = 1, \ldots, n-m \end{matrix} \tag{45}$$

mit viermal stetig differenzierbaren Funktionen $T_\alpha(x)$ und $U_\varrho(x)$.

Behauptung: (46)

Durch (44) bzw. (45) wird sogar im Großen eine eineindeutige Abbildung aller Punkte (t_α, u_ϱ) auf die Punkte (x_j) erzielt, wenn wir die (x_j) auf einen Umgebungsbereich B_1^* zu E_0 im Sinne von Seite 19 beschränken bei hinreichend klein vorgegebenem $\varepsilon_1 > 0$.

Beweis: Gemäß (45) wird jedem Punkte (x_j) von E_0 (über dem abgeschlossenen Bereich $\mathfrak{B}_0$) eine offene, etwa kugelförmige[1]) Umgebung $V(x_j)$ mit dem Mittelpunkt (x_j) zugeordnet, welche umkehrbar eindeutig auf den durch (45) gekennzeichneten Bildbereich abgebildet wird. Da diese Punktmenge $\{(x_j)\}$ von E_0 abgeschlossen ist, kann nach dem Überdeckungssatz von Heine und Borel die Überdeckung von E mittels endlich vieler (etwa μ) solcher Umgebungen $V(x_j^k)$ erfolgen $(k = 1, \ldots, \mu;\ (x_j^k) \in E_0)$, deren minimaler Radius gleich $\eta > 0$ sei. Die Vereinigungsmenge dieser $V(x_j^k)$ bezeichnen wir mit V. Aus V greifen wir uns dann einen Teilbereich B_1^* im Sinne von Seite 19 heraus mit $\eta > \varepsilon_1 > 0$. ε_1 sei darüber hinaus so klein gewählt, daß sämtliche Punkte von B_1^* in dem (x_j)-Bereich enthalten sind, der durch (44) erzeugt wird, wenn (t_α, u_ϱ) in dem Produktbereich variieren, der durch $\mathfrak{B}_0$ und $|u_\varrho| < \varepsilon^*$ charakterisiert ist. Insbesondere strebt ε_1 gegen 0 für $\varepsilon^* \to 0$. Gäbe es nun für beliebig klein vorgegebene $\varepsilon^* > 0$ eine Menge $\mathfrak{A}$ von Punktepaaren $\{(x_j), (x_j^*)\} \in B_1^*$, die paarweise den Relationen

$$T_\alpha(x) = T_\alpha(x^*), \qquad U_\varrho(x) = U_\varrho(x^*) \tag{46a}$$

genügen, so müßte wegen der Eineindeutigkeit der Abbildung (45) im Kleinen

$$\sum_{j=1}^{n} (x_j - x_j^*)^2 \geqq \frac{1}{4}\eta^2 \tag{46b}$$

gelten. Andererseits muß aber die Menge $\mathfrak{A}$ Paare von Häufungspunkten $(x_{j0}), (x_{j0}^*)$ auf E_0 besitzen, da ε^* beliebig klein vorgegeben wurde. Wegen der Stetigkeit der Funktionen $T_\alpha(x)$ und $U_\varrho(x)$ müßte dann (46a) und (46b) auch für die beiden Punkte (x_{j0}) und (x_{j0}^*) auf E gelten. Also wären die beiden verschiedenen Punkte (x_{j0}) und (x_{j0}^*) denselben Parameterwerten $t_\alpha^0 = T_\alpha(x_{j0})$ zugeordnet im Widerspruch zu (42'). Damit ist aber die Gültigkeit der Aussage (46) bewiesen.

Die zu bestimmenden speziellen Funktionen $S_{\alpha'}(x)$ für $\alpha' = 2, \ldots, m$ in B_1^* erklären wir nun durch die Funktionen $T_{\alpha'}(x)$ von (45). Um ihren durch das obige Konstruktionsverfahren gekennzeichneten speziellen Charakter zum Ausdruck zu bringen, bezeichnen wir diese Funktionen $S_{\alpha'}(x)$ mit $S_{\alpha'}^0(x)$, d. h. wir setzen

$$S_{\alpha'}^0(x) = T_{\alpha'}(x) \quad (\alpha' = 2 \ldots, m). \tag{45'}$$

---

[1]) Für die Randpunkte von E_0 (die also den Randpunkten zu $\mathfrak{B}_0$ zugeordnet sind) tritt freilich an Stelle einer Kugel ein Kugelausschnitt.

Nach (44) und (45) ergibt sich insbesondere der Sachverhalt, daß die durch die Gleichungen $S^0_{\alpha'}(x) = t_{\alpha'}$ (= const) gekennzeichneten Hyperflächen der Dimension $n - m + 1$ im (x_j)-Raum die Fläche E_0 längs der Parameterlinien $t_{\alpha'} = \text{const}$, d. h., längs der Kurven $x_i = e_i(t_1;, t_{\alpha'})$[1]) für $t_{\alpha'} = \text{const}$ und $0 \leqq t_1 \leqq \Phi\,(t_{\alpha'})$, schneiden.

Führen wir für $T_1(x)$ in Analogie zu (45′) auch die Bezeichnung $S^0_1(x)$ ein, so wird durch die m Vektoren $(S^0_{\alpha i}(x))\left(\text{mit } \alpha = 1, \ldots, m \text{ und } S^0_{\alpha i} = \dfrac{\partial S^0_\alpha}{\partial x_i}\right)$ zu jedem Punkt (x_j) von B^*_1 die senkrechte Hyperebene zu der Tangentialebene aufgespannt, die zu der durch $\{S^0_\alpha(x) = \text{const}\}$ dargestellten $(n-m)$-dimensionalen Hyperfläche gehört. Da diese Tangentialebene speziell in den Punkten von E_0 durch die $n-m$ Vektoren $(q_{\varrho i})$ $(\varrho = 1, \ldots, n-m)$ erzeugt wird, gilt entsprechend den Betrachtungen von (29) und (43) die Proportionalität $f_{(i)}(e, p^0) \sim s^0_{(i)}(e)$[2]). Nach der Erklärung der Funktionen $S^0_\alpha(x)$ und (45) ist aber auf E

$$\frac{\partial S^0_\alpha(e)}{\partial t_\beta} = S^0_{\alpha j}\,\frac{\partial e_j}{\partial t_\beta} = \delta_{\alpha\beta}, \text{ also}$$

$\text{Det}\left|\dfrac{\partial S^0_\alpha}{\partial t_\beta}\right| = s^0_{(i)}(e)\,p^0_{(i)} = 1;$ andererseits ist nach (41) $f(e, p^0) = f_{(i)}(e, p^0)\,p^0_{(i)} = 1$. Dann kann aber die Proportionalität der $s^0_{(i)}(e)$ und $f_{(i)}(e, p^0)$ nur in Form der Gleichheit erfüllt sein; d. h.,

$$s^0_{(i)}(e) = f_{(i)}(e, p^0). \tag{47}$$

b) Betrachtung eines speziellen Anfangswertproblems

Wir setzen die im vorangegangenen Abschnitt konstruierten Funktionen (45′) an die Stelle der Funktionen $S_{\alpha'}(x)$ in die verallgemeinerte Hamilton-Jacobische Gleichung (23) ein und stellen die zugehörigen kanonischen Differentialgleichungen (39) auf[3]). Ausgeschrieben haben

---

[1]) In Zukunft schreiben wir für $e_i(t_\alpha)$ stets $e_i(t_1; t_{\alpha'})$, wenn die Sonderstellung von t_1 besonders hervorgehoben werden soll. Das Argument „$t_{\alpha'}$" ist dann der Inbegriff aller restlichen Argumente $t_2, \ldots, t_m$.

[2]) Dabei ist $s^0_{(i)} = \dfrac{\partial(S^0_1, \ldots, S^0_m)}{\partial(x_{i_1} \ldots, x_{i_m})}$.

[3]) Daß dabei die Gleichung (23) auch im Großen als eindeutig erklärt angenommen werden kann, ergibt sich durch die Betrachtungen von Anhang II.

diese die Gestalt

$$\dot{x}_i = H_{y_i}(x, y) = F_{(j)}\left(x, y_l \frac{\partial s^0_{(k)}}{\partial S^0_{1l}}\right) \frac{\partial s^0_{(j)}}{\partial S^0_{1i}}, \tag{48a}$$

$$\begin{aligned} \dot{y}_i = &- H_{x_i}(x, y) = - F_{x_i}\left(x, y_l \frac{\partial s^0_{(k)}}{\partial s^0_{1l}}\right) \\ &- F_{(j)}\left(x, y_l \frac{\partial s^0_{(k)}}{\partial S^0_{1l}}\right) \cdot \frac{\partial}{\partial x_i}\left(\frac{\partial s^0_{(j)}}{\partial S^0_{1r}}\right) y_r \end{aligned} \tag{48b}$$

$$\text{für} \quad i = 1, 2, \ldots, n.$$

Nach (24) können wir diese Gleichungen auch als die kanonischen Differentialgleichungen zu dem Lagrange-Problem (36) auffassen, dessen Nebenbedingungen durch die Wahl der speziellen Funktionen $S^0_{\alpha'}(x)$ charakterisiert sind[1]).

Ist mit $x_i = \xi^0_i(t_1; c_1, \ldots, c_{2n})$, $y_i = \eta^0_i(t_1, c_1; \ldots, c_{2n})$ $(i = 1, \ldots, n)$, wobei $\frac{\partial \xi^0_i}{\partial c_j}(0; c_1, \ldots, c_{2n}) = \delta_{ij}$ und $\frac{\partial \eta^0_i}{\partial c_j}(0; c_1 : \ldots, c_{2n}) = \delta_{(i+n)j}$ ist $(j = 1, \ldots, 2n)$, die allgemeine Lösung von (48a, b) gegeben — die Funktionen ξ^0_i und η^0_i sind dabei auf Grund der Eigenschaften von F und der Funktionen $S^0_{\alpha'}(x)$ zweimal stetig differenzierbar nach allen ihren Argumenten —, so stellen wir die folgenden Anfangsbedingungen:

$$\left.\begin{aligned} &\xi^0_i(0; c_1, \ldots, c_{2n}) = e_i(0; t_{\alpha'}) \\ &\eta^0_i(0; c_1, \ldots, c_{2n}) \cdot \frac{\partial e_i}{\partial t_{\beta'}}(0; t_{\alpha'}) = 0 \\ &H(\xi^0_i(0; c_1 \ldots, c_{2n}); \eta^0_i(0; c_1 \ldots, c_{2n})) = 1 \\ &\eta^0_i(0, c_1, \ldots, c_{2n}) \cdot q_{\varrho i}(0; t_{\alpha'}) = v_\varrho \end{aligned}\right\} \begin{aligned} &(\alpha', \beta' = 2, \ldots, m, \\ &\quad i = 1, \ldots, n, \\ &\quad \varrho = 1, \ldots, n-m) \end{aligned} \tag{49}$$

für $(t_{\alpha'}) \in \mathfrak{K}$ und beliebige Parameter v_ϱ.

Anschaulich interpretiert besteht die Forderung (49) darin, sämtliche Charakteristiken (als Lösungskurven von (48a, b) im (x_i)-Raum)

---

[1]) Man kann dabei analog zu den Betrachtungen von Anhang II sehr leicht zeigen, daß jetzt die Transformation (35) sogar im Großen umkehrbar eindeutig ist, sofern die x_j auf eine gewisse Umgebung von E beschränkt bleiben, $\dot{x}_j$ in der Nähe von $\frac{\partial e_j}{\partial t_1}$ liegt und N_0 bzw. $N_{\alpha'}$ wenig von 1 bzw. $S^0_{1j}(x) S^0_{\alpha' j}(x)$ abweichen.

aufzustellen, die durch eine (berandende) Seite des Flächenstücks E hindurchgehen und eine feldartige Schar[1]) bilden.

Um die Feldartigkeit der durch (49) bestimmten Lösungsschar von (48a, b) nachzuweisen und gleichzeitig wichtige Ergebnisse über die Fortsetzbarkeit dieser Lösungsschar im Großen zu erzielen, zitieren wir zunächst nach [24], S. 380 folgenden wichtigen Hilfssatz:

Die Kurven der $(m-1)$-parametrigen Schar im (x_j, y_j)-Raum

$$x_i = e_i(t_1; t_{\alpha'}), \qquad y_i = \frac{\partial S_1^0}{\partial x_i}\left(e(t_1; t_{\alpha'})\right) \tag{50}$$

bei festgehaltenen Parametern $t_{\alpha'}$ $(\alpha' = 2, \ldots, m)$ und der Variablen t_1 stellen Lösungskurven zu (48a) und (48b) dar[2]).

Offensichtlich genügen die in (50) angegebenen Lösungen auch den Anfangsbedingungen (49) für die Parameterwerte $v_\varrho = 0$ $(\varrho = 1, \ldots, n-m)$, denn nach Definition von $S_1^0(x)$ (vgl. S. 32), (45) und (45′) gilt für $\beta' = 2, \ldots, m$

$$S_{1i}^0 \frac{\partial e_i}{\partial t_{\beta'}} = \delta_{1\beta'} = 0, \qquad H\left(e, S_{1j}^0(e)\right) = F(e, s^0(e)) = f(e, p^0) = 1$$

und unter Berücksichtigung von (44)

$$S_{1j}^0(e) \left.\frac{\partial \mathfrak{x}_j}{\partial u_j}\right|_{u_\varrho = 0} = S_{1j}^0(e)\, q_{\varrho j} = 0 .$$

Wir lösen nun das Gleichungssystem (49) für $t_1 = 0$ in einer hinreichend kleinen Umgebung von $v_\varrho = 0$ nach den Parametern $c_1 \ldots c_{2n}$ auf. Diese Auflösung ist in eindeutiger Weise gewährleistet, da die nachstehende Funktionaldeterminante unter Berücksichtigung der

---

[1]) Vgl. mit dem späteren Ergebnis (51a)!

[2]) In [24] wird der Beweis dieser Aussage allerdings nur für den Spezialfall erbracht, daß in (44) die $r_{\varrho\sigma i} \equiv 0$ sind. Die angegebene Beweisführung läßt jedoch unmittelbar (d. h. wortwörtlich) die Übertragung auf den Fall $r_{\varrho\sigma i} \not\equiv 0$ erkennen, da bei dem Beweis lediglich die besondere Eigenschaft der *ersten* Ableitungen der $S_\alpha^0(x)$ auf E benutzt werden, diese sind aber für Funktionen $S_\alpha^0(x)$ zu $r_{\varrho\sigma i} \equiv 0$ bzw. zu $r_{\varrho\sigma i} \not\equiv 0$ gemäß dem Konstruktionsverfahren von § 3, a) gleich.

Eigenschaften der ξ_i^0 und η_i^0 (S. 33) und der Aussage (50)

$$\operatorname{Det}\left|\begin{array}{c|c} \delta_{ij} & 0 \\ \hline 0 & \dfrac{\partial e_j}{\partial t_{\alpha'}} \\ \hline H_{x_j} & \dfrac{\partial e_j}{\partial t_1} \\ \hline 0 & q_{\varrho j} \end{array}\right| \begin{array}{l} \}\, i = 1, \ldots, n \\ \\ \}\, \alpha' = 2, \ldots m \\ \\ \\ \}\, \varrho = 1, \ldots, n - m \end{array} = f(e, p^0) = 1 \text{ ist}$$

(vgl. auch die Betrachtungen von S. 30).

Als Auflösung von (49) erhalten wir die zweimal stetig differenzierbaren Funktionen

$$c_j = C_j(t_{\alpha'}, v_\varrho) \quad \text{für} \quad (t_{\alpha'}) \in \mathfrak{K} \quad \text{und} \quad |v_\varrho| < \eta^*$$

bei hinreichend klein vorgegebenem $\eta^* > 0$.

Das spezielle Anfangswertproblem (48a), (48b), (49) wird damit durch die zweimal stetig differenzierbare $(n-1)$-parametrige Kurvenschar

$$\begin{aligned} x_i &= \xi_i^0(t_1; C_1, \ldots C_{2n}) \equiv \varphi_i(t_1; t_{\alpha'}, v_\varrho), \\ & \qquad\qquad\qquad\qquad |v_\varrho| < \eta^*, \\ y_i &= \eta_i^0(t_1; C_1, \ldots C_{2n}) \equiv \psi_i(t_1; t_{\alpha'}, v_\varrho), \quad (t_{\alpha'}) \in \mathfrak{K} \end{aligned} \tag{51}$$

gelöst. Dabei ist nach (50) $\varphi_i(t_1; t_{\alpha'}, 0) \equiv e_i(t_1; t_{\alpha'})$ und $\psi_i(t_1, t_{\alpha'}, 0) \equiv S_{1i}^0(e)$ und die $t_{\alpha'}$ und v_ϱ nehmen die Rolle von Parametern ein.

Wir heben zunächst einige besondere Eigenschaften der Lösungsschar (51) hervor:

(51a)

1. Die Lösungsschar (51) ist feldartig für alle $t_1 \geqq 0$ ihres Existenzgebietes; d. h., es ist der Rang von

$$\left(\frac{\partial \varphi_i}{\partial t_\alpha}, \frac{\partial \varphi_i}{\partial v_\varrho}, \frac{\partial \psi_i}{\partial t_\alpha}, \frac{\partial \psi_i}{\partial v_\varrho}\right) \begin{array}{l} \varrho = 1, \ldots, n-m \\ i = 1, \ldots, n \\ \alpha = 1, \ldots, m \end{array}$$

gleich n und sämtliche Lagrangesche Klammern $[t_\alpha, v_\varrho]$, $[t_\alpha, t_\beta]$ und $[v_\varrho, v_\sigma]$ zu (51) verschwinden identisch.

Beachtet man die bekannte Tatsache, daß aus der Feldartigkeit von (51) in *einem* Punkte t_1 diese Eigenschaft für alle t_1 des Existenzintervalls erfüllt ist, so ist die verlangte Rangeigenschaft leicht zu verifizieren. In $t_1 = 0$ ist ja nach (49)

$$\frac{\partial e_i}{\partial t_\alpha} \frac{\partial \psi_i}{\partial v_\varrho}\bigg|_{v_\varrho=0} = 0 \quad \text{und} \quad \frac{\partial \psi_i}{\partial v_\sigma} q_{\varrho i}\bigg|_{v_\varrho=0} = \delta_{\sigma\varrho}$$

für $\alpha = 1, \ldots, m$; $\sigma, \varrho = 1, \ldots, n-m$, so daß wegen (6)

$$\operatorname{Det} \left| \frac{\partial \psi_i}{\partial v_\varrho} \frac{\partial \varphi_i}{\partial t_\alpha} \right|_{\substack{v_\varrho=0 \\ t_1=0}} \neq 0 \quad \text{ist.}$$

Das Verschwinden der Lagrangeschen Klammern für $t_1 = 0$ ist nach [8], S. 47 in unserem Falle eine unmittelbare Folge der Anfangsbedingungen von (49): $H(\varphi, \psi) \equiv 1$, $\psi_i(0; t_{\alpha'}, v_\varrho) \frac{\partial \varphi_i}{\partial t_{\alpha'}}(0; t_{\alpha'}, v_\varrho) = 0$ und der aus den ersten n Gleichungen von (49) hervorgehenden Bedingung $\frac{\partial \varphi_i}{\partial v_\varrho}(0, t_{\alpha'}, v_\varrho) = 0$.

(51 b)

2. Jede Lösungskurve $x_i = \varphi_i(t_1, t_{\alpha'}, v_\varrho)$ von (51) (bei festen Werten $t_{\alpha'}$ und v_ϱ) ist für ein hinreichend kleines t_1-Intervall $\delta \geqq t_1 \geqq 0$ eine reguläre Extremale des Lagrange-Problems (36).

Diese Aussage ist ein bekanntes Resultat über die Lösungen der kanonischen Differentialgleichungen zu einem Lagrange-Problem im Kleinen (vgl. etwa [7], S. 274).

(52)

3. Zu jeder stetigen Funktion $\gamma(t_{\alpha'}) < \Phi(t_{\alpha'})$ für $(t_{\alpha'}) \in \mathfrak{K}$ und $\gamma(t_{\alpha'}) > 0$ existiert bei (stückweiser) Stetigkeit von $\Phi(t_{\alpha'})$ eine Konstante $\delta(\gamma) > 0$, so daß für alle $|v_\varrho| < \delta(\gamma)$ $(\varrho = 1, \ldots, n-m)$ die Kurvenschar (51) zu $(t_{\alpha'}) \in \mathfrak{K}$ und $0 \leqq t_1 \leqq \gamma(t_{\alpha'})$ in $B^* = B_1^* \times B_2^*$ verläuft und zweimal stetig differenzierbar bezüglich aller Argumente ist.

Dieser die Fortsetzbarkeit der Schar (51) im Großen betreffende Satz ist eine unmittelbare Folge von (50). Zunächst gehört nämlich die Lösung (50) für $(t_{\alpha'}) \in \mathfrak{K}$ und $0 \leqq t_1 \leqq \Phi(t_{\alpha'})$ dem auf Seite 20 definierten Bereich $B^* = B_1^* \times B_2^*$ an, da nach (47)

$$S_{1i}^0(e) \frac{\partial s_{(j)}^0(e)}{\partial S_{1i}} = f_{(j)}(e, p^0)$$

ist und (41) auf E gilt. Nach dem allgemeinen Abhängigkeitssatz bzgl. der Lösungen von Anfangswertproblemen bei gewöhnlichen Differentialgleichungen (vgl. [15], S. 149) gibt es dann zu jeder festen Kurve von (50) in B^* — diese Kurve werde in der Bezeichnung von (51) durch $t_{\alpha'} = t^0_{\alpha'}$ $(\alpha' = 2, \ldots, m)$ und $v_\varrho = 0$ $(\sigma = 1, \ldots, n - m)$ festgelegt — für $0 \leqq t_1 \leqq \gamma(t^0_{\alpha'})$ eine hinreichend kleine Konstante $\delta^*(t^0_{\alpha'}) > 0$, so daß auch sämtliche Lösungen zu (51) für $|t_{\alpha'} - t^0_{\alpha'}| < \delta^*(t^0_{\alpha'})$, $|v_\varrho| < \delta^*(t^0_{\alpha'})$ in diesem t_1-Intervall existieren, in B^* verlaufen und nach allen Argumenten zweimal stetig differenzierbar sind[1]). Unter Anwendung des Überdeckungssatzes von Heine und Borel bezüglich der Überdeckung von $\mathfrak{K}$ mittels der Umgebungen $|t_{\alpha'} - t^0_{\alpha'}| < \delta^*(t^0_{\alpha'})$ für beliebige $(t^0_{\alpha'})$ aus $\mathfrak{K}$ (wonach wir die Überdeckung von $\mathfrak{K}$ mittels solcher Umgebungen zu *endlich* vielen Punkten $(t^0_{\alpha'})$ von $\mathfrak{K}$ erzielen können) und Berücksichtigung der Stetigkeit von $\gamma(t_{\alpha'})$ ist dann unmittelbar die Existenz einer Konstanten $\delta(\gamma) > 0$ im Sinne von (52) zu erkennen. Damit ist aber (52) bewiesen.

Wir wenden uns nun speziell noch dem Studium der Kurvenschar

$$x_i = \varphi_i(t_1; t_{\alpha'}, v_\varrho) \text{ bei festgehaltenen } t_{\alpha'}\text{-Werten } (t_{\alpha'}) \in \mathfrak{K} \text{ und } |v_\varrho| < \eta^* \quad (53)$$

zu[2]). Offensichtlich ist sie nach (51b) im Kleinen eine Extremalenschar durch den Punkt $x_i = e_i(0; t_{\alpha'})$ zum Variationsproblem (38) unter den verschärften Nebenbedingungen $S^0_{\alpha'}(x) = t_{\alpha'}$ $(\alpha' = 2, \ldots, m)$. Mittels der durch (45) erklärten Abbildung $u_\varrho = U_\varrho(x)$ (für $\varrho = 1, \ldots, n - m$) wird bei beliebiger zweimal stetig differenzierbarer Funktion $t_1 = t_1(\tau)$ mit $\frac{dt_1}{d\tau} > 0$ und der Umkehrfunktion $\tau(t_1)$ eineindeutig der Schar (53) eine $(n-m)$-parametrige Kurvenschar $u_\varrho = u^*_\varrho(\tau, v_\sigma)$, $t_1 = t_1(\tau)$ im (t_1, u_ϱ)-Raum zugeordnet, indem wir setzen

$$u_\varrho = u^*_\varrho(\tau, v_\sigma) \equiv U_\varrho[\varphi_j(t_1(\tau), t_{\alpha'}, v_\sigma)]. \quad (54)$$

---

[1]) In Randpunkten $(t^0_{\alpha'})$ von $\mathfrak{K}$ oder Unstetigkeitspunkten zu $\Phi(t_{\alpha'})$ treten selbstverständlich an Stelle von $|t_{\alpha'} - t^0_{\alpha'}| < \delta^*(t^0_{\alpha'})$ gewisse andere einseitige Umgebungsräume zu $(t^0_{\alpha'})$ mit einem Durchmesser $< \delta^*(t^0_{\alpha'})$.

[2]) Es sei bemerkt, daß diese wirklich auch von allen $n - m$ Parametern v_ϱ abhängt. Andernfalls folgte aus $\dot\varphi_i \equiv \mathcal{H}_{y_i}(\varphi, \psi)$ durch Differentiation nach dem nichtauftretenden v_ϱ: $\mathcal{H}_{y_i y_j} \frac{\partial \psi_j}{\partial v_\varrho} = 0$ für $v_\sigma = 0$, $t_1 = 0$; d. h., nach (30) und (27′) $\frac{\partial \psi_j}{\partial v_\varrho} = \mu_\alpha S^0_{\alpha j}$. Diese Aussage steht aber im Widerspruch zu der aus (49) folgenden Relation $\frac{\partial \psi_j}{\partial v_\varrho} q_{\sigma j} = \delta_{\sigma\varrho}$ einerseits und $S^0_{\alpha j} q_{\sigma j} = 0$ andererseits.

Umgekehrt erhalten wir dann aus den Funktionen (54) nach (44) die Funktionen (43) durch die Darstellung

$$\varphi_i(t_1; t_{\alpha'}, v_\varrho) = \mathfrak{x}_i(t_1; t_{\alpha'}, u_\varrho^*(\tau(t_1), v_\sigma)).$$

Behauptung: Jeder Extremalen (53) zum Variationsproblem (38) ist durch (54) eine Extremale des „induzierten" Variationsproblems

$$\int_0^\tau \Phi^*(t_1, u_\varrho; \dot{t}_1, \dot{u}_\varrho)\, d\tau \to \text{Minimum} \tag{55}$$

mit der Grundfunktion

$$\Phi^*(t_1, u_\varrho; \dot{t}_1, \dot{u}_\varrho) \equiv \mathcal{F}\left(\mathfrak{x}_j; \frac{\partial \mathfrak{x}_j}{\partial t_1}\dot{t}_1 + \frac{\partial \mathfrak{x}_j}{\partial u_\varrho}\dot{u}_\varrho\right)$$

zugeordnet und umgekehrt.

Diese Kurven $u_\varrho = u_\varrho^*(\tau, v_\sigma)$ besitzen dann auch nur *positiv reguläre* Linienelemente bezüglich des Variationsproblems (55) (Die Punkte deuten dabei die Ableitung nach τ an).

Zum Beweise dieser Aussage sei auf die entsprechenden Untersuchungen in [8], S. 284—287 verwiesen unter Beachtung, daß die Matrix $\left(\frac{\partial \mathfrak{x}_j}{\partial t_1}, \frac{\partial \mathfrak{x}_j}{\partial u_k}\right)_{\substack{j=1,\ldots,n\\ k=1,\ldots,n-m}}$ (für hinreichend kleine $|u_\varrho|$) den Rang $n-m+1$ hat.

Die durch (54) dargestellte Kurvenschar hat nach Konstruktion die Eigenschaft, im Punkte $u_\varrho = 0$ ($\varrho = 1, \ldots, n-m$), $t_1 = 0$ des (t_1, u_ϱ)-Raumes einen Knotenpunkt zu besitzen; d. h., sämtliche Kurven der Schar gehen von diesem Punkte aus. Da außerdem das Variationsproblem (55) als ein Problem ohne Nebenbedingung von der Klasse Null ist (vgl. etwa [7], S. 276), gilt für diese Schar der fundamentale Satz von Radon (vgl. [7], S. 297):

$$\Delta^*(t_1; t_{\alpha'}, v_\varrho) \equiv \left.\frac{\partial(u_1^*, \ldots u_{n-m}^*, t_1)}{\partial(v_1, \ldots, v_{n-m}, \tau)}\right|_{v_\varrho=\text{const}} \neq 0 \tag{56}$$

für alle t_1 des Existenzgebietes der u_ϱ^* mit Ausnahme gewisser *isolierter* t_1-Werte.

Da diese durchgeführten Betrachtungen letzten Endes nach (53) für irgendwelche festgelegten $t_{\alpha'}$-Werte aus $\mathfrak{K}$ gelten, d. h. also, für alle $(t_{\alpha'})$ aus $\mathfrak{K}$, so folgt aus (56) unmittelbar die Tatsache, daß man stets über $\mathfrak{K}$ eine Funktion $t_1^*(t_{\alpha'})$ mit $0 < t_1^*(t_{\alpha'}) < \Phi(t_{\alpha'})$ angeben kann, so daß wegen $\Delta^*(0; t_{\alpha'}, v_\sigma) = 0$ für sämtliche $(t_{\alpha'}) \in \mathfrak{K}$ die

Determinante $\Delta^*(t_1;\ t_{\alpha'}, v_\sigma) \neq 0$ ist, sofern $0 < t_1 \leqq t_1^*(t_{\alpha'})$ gilt und $|v_\varrho| \leqq \frac{\eta^*}{2}$. Insbesondere gilt dann für die Schar (53) längs $v_\varrho = 0$ $(\varrho = 1, \ldots, n - m)$ — was zur Folge hat $u_\varrho^* \equiv 0$ —

$$\Delta(t_1;\ t_{\alpha'}, v_\varrho)|_{v_\varrho=0} \equiv \left.\frac{\partial(\varphi_1, \ldots, \varphi_n)}{\partial(t_1;\ t_{\alpha'}, v_\sigma)}\right|_{v_\varrho=0}$$

$$= \left.\frac{\partial(\mathfrak{x}_1[t_1;\ t_{\alpha'}\ u_\varrho^*], \ldots, \mathfrak{x}_n[t_1;\ t_{\alpha'}, u_\varrho^*])}{\partial(t_1;\ t_{\alpha'}, v_\sigma)}\right|_{v_\varrho=0}$$

$$= \operatorname{Det}\left|\begin{matrix} \cdots \dfrac{\partial \mathfrak{x}_i}{\partial t_1} \cdots \\ \cdots \dfrac{\partial \mathfrak{x}_i}{\partial t_{\alpha'}} \cdots \\ \cdots \dfrac{\partial \mathfrak{x}_i}{\partial u_\sigma}\dfrac{\partial u_\sigma^*}{\partial v_\varrho} \cdots \end{matrix}\right|_{v_\varrho=0}^{\substack{i=1,\ldots,n\\ \varrho=1,\ldots,n-m\\ \alpha'=2,\ldots,m}} = p_{(i)}^0\, f_{(i)}(e_j;\ p_{(j)}^0)\, \frac{\Delta^*(t_1;\ t_{\alpha'}, 0)}{t_1} \qquad (57)$$

$$= \frac{1}{t_1}\Delta^*(t_1;\ t_{\alpha'}\ 0). \qquad (57')$$

Damit ist aus Stetigkeitsgründen $\Delta(t_1, t_{\alpha'}, v_\varrho)$ auch für hinreichend kleine Absolutbeträge der $|v_\varrho|$ nur in isolierten Punkten längs jeder der Kurven (53) gleich Null; für $0 < t_1 \leqq t_1^*(t_{\alpha'})$ $((t_{\alpha'}) \in \mathfrak{K})$ ist insbesondere $\Delta(t_1;\ t_{\alpha'}, v_\varrho) \neq 0$.

Dieses letzte Ergebnis in Verbindung mit (51a) ist die charakteristische Bedingung dafür, daß die durch die ersten n Gleichungen von (51) im (x_i)-Raum dargestellten Kurven in einem Unterraum von B_1^*, der ein Umgebungsraum des $(m-1)$-dimensionalen Randstückes von E mit den Punkten $x_i = e_i(0, t_{\alpha'})$ $((t_{\alpha'}) \in \mathfrak{K})$ ist, ein Feld bilden bezüglich des eindimensionalen Lagrange-Problems (36) bzw. (38). Nach (57′) und (52) können wir diesen Unterraum etwa darstellen als die Gesamtheit der Punkte $x_i = \varphi_i(t_1;\ t_{\alpha'}, v_\varrho)$ mit $(t_{\alpha'}) \in \mathfrak{K}$, $|v_\varrho| < \delta_0 \leqq \delta(t_1^*) < \eta^*$ und $0 < t_1 \leqq t_1^*(t_{\alpha'})$ $(i = 1, \ldots, n;\ \varrho = 1, \ldots, n - m)$; wir bezeichnen diesen Unterraum kurz mit $U[t_1^*(t_{\alpha'})]$ (δ_0 ist dabei eine hinreichend klein gewählte Konstante > 0).

Nach der Charakteristikentheorie partieller Differentialgleichungen 1. Ordnung können wir dann mittels der Funktionen (51) in $U[t_1^*(t_{\alpha'})]$ eindeutig eine dreimal stetig differenzierbare Lösung $S_1(x)$ der Differentialgleichung (23) (zu den Funktionen $S_{\alpha'}(x) \equiv S_{\alpha'}^0(x)$ von (45′)) konstruieren, welche in den Punkten $x_i = e_i(0, t_{\alpha'})$ den Wert Null stetig annimmt und die Extremalenschar $x_i = \varphi_i(t_1, t_{\alpha'}, v_\varrho)$ zu (36) transversal schneidet. Dazu lösen wir die ersten n Gleichungen von (51) (umkehrbar eindeutig wegen (57')) nach den Größen t_1, $t_{\alpha'}$ und v_ϱ auf; wir erhalten dabei die Funktionen $t_1 = \mathfrak{S}_1(x)$, $t_{\alpha'} = \mathfrak{S}_{\alpha'}(x)$ $v_\varrho = V_\varrho(x)$ für $(x_j) \in U[t_1^*(t_{\alpha'})]$.

Setzen wir

$$\sigma(t_1; t_{\alpha'}, v_\varrho) = \int_0^{t_1} H_{y_j}(\varphi, \psi)\, \psi_j\, dt_1, \tag{58}$$

so ist $S_1(x) = \sigma(\mathfrak{S}_1; \mathfrak{S}_{\alpha'}, V_\varrho)$ die gesuchte Funktion.

Wegen der positiven Homogenität von $H(x, y)$ bzgl. der y_j und der durch (49) gegebenen Anfangsbedingung $H(\xi^0, \eta^0) = 1$ gilt nach der Charakteristikentheorie $\psi_j H_{y_j}(\varphi_k, \psi_k) = H(\varphi, \psi) \equiv 1$. (58) zufolge heißt das $\sigma(t_1; t_{\alpha'}, v_\varrho) \equiv t_1$, also

$$S_1(x) \equiv \mathfrak{S}_1(x). \tag{58'}$$

Nach (50) gilt insbesondere für diese Lösung (58') auf E:
$S_1(x) = S_1^0(x)$ und $\dfrac{\partial S_1}{\partial x_j} = \dfrac{\partial S_1^0}{\partial x_j}$ $(j = 1, \ldots, n)$, wobei $S_1^0(x)$ die auf S. 32 angegebene Funktion $S_1^0(x) \equiv T_1(x)$ ist. Aus (47) folgt damit

$$s_{(i)}(e) = f_{(i)}(e, p^0) \quad \text{für} \quad s_{(i)} \equiv \frac{\partial(S_1, S_2^0, \ldots, S_m^0)}{\partial(x_{i_1}, \ldots, x_{i_m})}.$$

Nach den Erläuterungen von Seite 18 bedeutet aber gerade dieses Ergebnis, daß mittels der Definitionsgleichung $\pi_{(i)}(x) = F_{(i)}(x, s_{(j)}(x))$ ein geodätisches Feld $(x, \pi(x))$ in $U[t_1^*(t_{\alpha'})]$ erklärt wird, das das Extremalenstück $E \cap U[t_1^*(t_{\alpha'})]$ einbettet.

c) Bemerkungen zur Struktur des konstruierten geodätischen Feldes

Wir betrachten entsprechend der Bezeichnung des vorhergehenden Abschnittes dasjenige Extremalenstück von E, das sich zusammensetzt aus der Punktmenge $E \cap U[t_1^*(t_{\alpha'})]$ und den Punkten $x_i = e_i(0; t_{\alpha'})$ $((t_{\alpha'}) \in \mathfrak{K})$, wir nennen es kurz $E_{t_1^*}$. $E_{t_1^*}$ ist offensichtlich eine abgeschlossene Punktmenge im (x_i)-Raum, und sämtliche Flächenelemente von $E_{t_1^*}$ — mit Ausnahme derjenigen zu den Punkten $e_i(0; t_{\alpha'})$ — gehören dem vorangehend konstruierten speziellen geodätischen Feld $(x, \pi(x))$ in $U[t_1^*(t_{\alpha'})]$ an; in den Ausnahmepunkten sind aber die $\pi_{(i)}(x)$ gar nicht erklärt worden, wenngleich auch hier $S_1(x)$

und $S^0_{\alpha'}(x)$ existieren (aber nicht die ersten Ableitungen von $S_1(x)$). Das konstruierte geodätische Feld erfüllt also gar nicht die Bedingung, $E_{t_1^*}$ mit allen seinen Flächenelementen einzubetten, und damit ist die Anwendung der Formel (20) für das Extremalenstück $E_{t_1^*}$ unter Zugrundelegung unseres vorliegenden geodätischen Feldes nicht ohne weiteres berechtigt.

Behauptung: (59)

Formel (20) bleibt trotz der „Anomalie" unseres konstruierten geodätischen Feldes bzgl. hinreichend benachbarter Vergleichsflächen zu $E_{t_1^*}$ gültig.

Beweis: Wir gehen von der Voraussetzung aus, daß $t_1^*(t_{\alpha'})$ über $\mathfrak{K}$ stetig und stückweise stetig differenzierbar sei; den (t_α)-Parameterbereich zu $E_{t_1^*}$ nennen wir dann $\mathfrak{B}_{t_1^*}$. V sei eine beliebige m-dimensionale Vergleichsfläche zu $E_{t_1^*}$ und verlaufe in $U[t_1^*(t_{\alpha'})] + \mathfrak{A}^*$, wobei sie die gleichen Randpunkte wie $E_{t_1^*}$ besitze; $\mathfrak{A}^*$ bezeichnet dabei die Punktmenge $x_i = e_i(0, t_{\alpha'})$ für $(t_{\alpha'}) \in \mathfrak{K}$. Außerdem mögen die Richtungskoordinaten von V zu allen Punkten von V „hinreichend wenig" von denen des geodätischen Feldes in den entsprechenden Punkten abweichen (in $\mathfrak{A}^*$ von denen zu $p^0_{(i)}$). Ohne unsere Untersuchungen einzuschränken, können wir dieser Forderung dadurch gerecht werden, daß wir verlangen: die Vergleichsfläche V möge sich mit Hilfe stetiger und (stückweise) stetig differenzierbarer Funktionen $v_\varrho = v_\varrho(t_\alpha)$ $(\varrho = 1, \ldots, n-m)$ über $\mathfrak{B}_{t_1^*}$ durch $x_j(t_\alpha) \equiv \varphi_j(t_1; t_{\alpha'}, v_\varrho(t_\alpha))$ darstellen lassen, wobei eine genügend kleine Konstante $\delta_1 > 0$ existiert $(\delta_1 < \delta_0)$, so daß $|v_\varrho(t_\alpha)| < \delta_1$ und $\left|\dfrac{\partial v_\varrho}{\partial t_\alpha}\right| < \delta_1$ ist.[1])

Wir bilden jetzt die weiteren stetigen und stückweise stetig differenzierbaren Funktionen

$$\overset{\nu}{v}_\varrho(t_\alpha) = \begin{cases} v_\varrho(t_\alpha) - \dfrac{(t_1^*(t_{\alpha'}) - t_1)}{\left(t_1^*(t_{\alpha'}) - \dfrac{1}{\nu}\right)} v_\varrho\left(\dfrac{1}{\nu}, t_{\alpha'}\right) & \text{für } t_1^*(t_{\alpha'}) > t_1 \geqq \dfrac{1}{\nu} \\ 0 & \text{für } \dfrac{1}{\nu} \geqq t_1 \geqq 0, \end{cases} \tag{60}$$

---

[1]) Wir können das (t_α, v_ϱ)-Koordinatensystem als ein im (x_j)-Raum liegendes verallgemeinertes „Zylinderkoordinatensystem" deuten, in dem $E_{t_1^*}$ die Darstellung $v_\varrho \equiv 0$ $(\varrho = 1, \ldots, n-m)$ besitzt, eine Vergleichsfläche V die Darstellung $v_\varrho = v_\varrho(t_\alpha)$. Allen Punkten (x_j) von $U[t_1^*(t_{\alpha'})]$ ist dabei wegen (57′) in umkehrbar eindeutiger Weise ein Zahlen-n-Tupel (t_α, v_ϱ) zugeordnet. Auf $\mathfrak{A}^*$ ist nur die Zuordnung $(t_\alpha, v_\varrho) \to (x_j)$ eindeutig.

wobei $(t_{\alpha'}) \in \mathfrak{K}$ und ν sämtliche natürliche Zahlen oberhalb einer hinreichend großen Zahl ν^* durchläuft. Mittels der Funktionen $x_i^{(\nu)} = \varphi_i(t_1; t_{\alpha'}, \overset{\nu}{v}_\varrho(t_\alpha))$ wird der Funktionenschar (60) eine Schar von Vergleichsflächen $\mathcal{F}_\nu$ zu $E_{t_1^*}$ zugeordnet[1]). Diese $\mathcal{F}_\nu$ sind in den Punkten zu $\frac{1}{\nu} \geqq t_1 > 0$, $(t_{\alpha'}) \in \mathfrak{K}$ mit $E_{t_1^*}$ identisch, so daß an diesen Stellen $\mathcal{E}(x^{(\nu)}, \pi(x^{(\nu)}), p^{(\nu)}) = 0$ gilt. (Die $p_{(i)}^{(\nu)}$ sind dabei die Richtungskoordinaten zu $\mathcal{F}_\nu$).

Nennen wir den Parameterbereich $\left\{\frac{1}{\nu} \leqq t_1 \leqq t_1^*(t_{\alpha'}), (t_{\alpha'}) \in \mathfrak{K}\right\}$ $\mathfrak{B}_\nu$, so ist offensichtlich nach (20)

$$J(\mathcal{F}_\nu) - J(E_{t_1^*}) = \int\limits_{\mathfrak{B}_\nu} \mathcal{E}(x^{(\nu)}, \pi(x^{(\nu)}), p^{(\nu)})\, dt_1 \dots dt_m. \tag{61}$$

Weiterhin ist $\lim\limits_{\nu\to\infty} J(\mathcal{F}_\nu) = J(V)$, denn

$$|J(\mathcal{F}_\nu) - J(V)| = \Big|\int\limits_{\mathfrak{B}_{t_1^*}} f(x^{(\nu)}, p^{(\nu)})\, dt_1 \dots dt_m - \int\limits_{\mathfrak{B}_{t_1^*}} f(x, p)\, dt_1 \dots dt_m\Big|$$

und nach (41)

$$\leqq \left[\int\limits_{\mathfrak{B}_\nu} |f(x^{(\nu)}, p^{(\nu)}) - f(x, p)|\, dt_1 \dots dt_m + \int\limits_{\mathfrak{B}_{t_1^*} - \mathfrak{B}_\nu} \{1 + |f(x,p)|\}\, dt_1 \dots dt_m\right]$$

$$\leqq \int\limits_{\mathfrak{B}_\nu} \{|\tilde{f}_{x_j}|\, |x_j^{(\nu)} - x_j| + |\tilde{f}_{(j)}|\, |p_j^{(\nu)} - p_{(j)}|\}\, dt_1 \dots dt_m + N \cdot \frac{1}{\nu}$$

mit $N = \{1 + \operatorname{Max.}\limits_{\mathfrak{B}_{t_1^*}} |f(x, p)|\} \cdot \prod\limits_{\alpha'=2}^{m} (b_{\alpha'} - a_{\alpha'})$.

Da nach (60) $\lim\limits_{\nu\to\infty} \overset{\nu}{v}_\varrho = v_\varrho$[2]) gleichmäßig für alle $(t_\alpha) \in \mathfrak{B}_{t_1^*}$ gilt und φ_i, $\frac{\partial \varphi_i}{\partial t_1}$, $\frac{\partial \varphi_i}{\partial t_{\alpha'}}$, bzw. $\frac{\partial \varphi_i}{\partial v_\varrho}$ stetig von den v_ϱ abhängen und die Ablei-

---

[1]) Denn die Flächen $\mathcal{F}_\nu$ stimmen auf dem Rand von $\mathfrak{B}_{t_1^*}$ mit $E_{t_1^*}$ überein, da $\overset{\nu}{v}_\varrho(0, t_{\alpha'}) = \overset{\nu}{v}_\varrho(t_1^*(t_{\alpha'}), t_{\alpha'}) = 0$ ist und dem Vergleichsflächen-Charakter von V entsprechend weiterhin $v_\varrho(t_1, t_{\alpha'}) = v(t_1, t_{\alpha'}) = 0$ für $0 \leqq t_1 \leqq t_1^*(t_{\alpha'})$ und alle $(t_{\alpha'})$ zum Rand von $\mathfrak{K}$ gilt.

[2]) Sowie $\left|\frac{\partial v_\varrho}{\partial t_\alpha} - \frac{\partial \overset{\nu}{v}_\varrho}{\partial t_\alpha}\right| < \sigma$ für beliebig klein vorgegebenes $\sigma > 0$, $(t_\alpha) \in \mathfrak{B}_\nu$ und $\nu > n^*(\sigma)$.

tungen von f nach x_j bzw. $p_{(j)}$ in T beschränkt sind, kann stets eine Konstante $\omega(\varepsilon) > \nu^*$ angegeben werden, so daß für vorgegebene $\varepsilon > 0$ und $\nu > \omega(\varepsilon)$

$$|J(\mathcal{F}_\nu) - J(V)| < \varepsilon$$

ist, d. h.

$$\lim_{\nu\to\infty} J(\mathcal{F}_\nu) = J(V), \tag{62a}$$

wie behauptet wurde.

Nun definieren wir $\mathcal{E}(x(t_\alpha), \pi(x(t_\alpha)), p)$, das entsprechend (14) für $t_1 > 0$ und $(t_{\alpha'}) \in \mathfrak{K}$ in $\mathfrak{B}_{t_1^*}$ erklärt ist, auch für $t_1 = 0$ auf $\mathfrak{A}^*$, indem wir etwa setzen

$$\mathcal{E}(x(0, t_{\alpha'}), \pi(x_i(0, t_{\alpha'})), p(0, t_{\alpha'})) = \mathcal{E}(x(0, t_{\alpha'}), p^0(0, t_{\alpha'}), p(0, t_{\alpha'})).$$

Offensichtlich ist diese $\mathcal{E}$-Funktion — als Funktion von (t_α) „längs" V aufgefaßt — für alle (t_α) aus $\mathfrak{B}_{t_1^*}$ mit $t_1 > 0$ stetig, in den Punkten zu $t_1 = 0$ (also in Punkten vom m-dimensionalen Maße Null) jedoch im allgemeinen unstetig, aber beschränkt in ganz $\mathfrak{B}_{t_1^*}$. Diese letzte Tatsache erkennen wir unmittelbar daraus, daß wegen

$$f_{(i)}(x, \pi(x)) = s_{(i)}(x) \quad \text{für} \quad t_1 > 0$$

$$\mathcal{E}(x(t_\alpha), \pi(x(t_\alpha)), p(t_\alpha)) = f(x(t_\alpha), p(t_\alpha)) - p_{(i)}(t_\alpha) s_{(i)}(x(t_\alpha)) \text{ ist.}$$

Dabei ist $s_{(i)}(x(t_\alpha)) = \dfrac{\partial s_{(i)}}{\partial S_{1j}}(x(t_\alpha))\, S_{1j}(x(t_\alpha))$; die Koeffizienten zu $S_{1j}(x(t_\alpha))$ sind hier lediglich Funktionen von $S_{\alpha' i}(x(t_\beta))$, also von Größen, die nach (45') in B_1^*, und damit erst recht in $U[t_1^*(t_{\alpha'})] + \mathfrak{A}^*$ beschränkt sind; d. h., diese Koeffizienten sind selbst beschränkt. Das gleiche trifft aber auch für $S_{1j}(x(t_\alpha))$ zu, da diese Größen gemäß der Konstruktion von $S_1(x)$ entsprechend der Hamilton-Jacobischen Theorie identisch mit $\psi_j(t_1; t_{\alpha'}, v_\varrho(t_\alpha))$ sind und damit wegen $|v_\varrho| < \delta_1 < \delta_0$ und (52) dem beschränkten Wertebereich der letzten n Funktionen von (51) angehören. Auf Grund dieser Ergebnisse ist folglich

$$\int_{\mathfrak{B}_{t_1^*}} \mathcal{E}(x(t_\alpha), \pi(x(t_\alpha)), p(t_\alpha))\, dt_1 \ldots dt_m$$

im Riemannschen Sinne existent.

Auf $\mathfrak{B}_\nu$ ist weiterhin $|s_{(i)}(\varphi_j(t_1; t_{\alpha'}, \overset{\nu}{v}_\varrho)) - s_{(i)}(\varphi_j(t_1; t_{\alpha'}, v_\varrho))|$

$$\equiv |s^\nu_{(i)} - s_{(i)}| = \left| \frac{\partial s^\nu_{(i)}}{\partial S_{1j}} S_{1j}(x^{(\nu)}) - \frac{\partial s_{(i)}}{\partial S_{1j}} S_{1j}(x(t_\alpha)) \right|$$

$$\leqq \left| \frac{\partial s^\nu_{(i)}}{\partial S_{1j}} \right| \cdot |S_{1j}(x^{(\nu)}) - S_{1j}(x(t_\alpha))| + |S_{1j}(x(t_\alpha))| \cdot \left| \frac{\partial s^\nu_{(i)}}{\partial S_{1j}} - \frac{\partial s_{(i)}}{\partial S_{1j}} \right|.$$

Dabei ist

$$S_{1j}(x^{(\nu)}) - S_{1j}(x(t_\alpha)) \equiv S_{1j}(\varphi(t_1; t_{\alpha'}, \overset{\nu}{v}_\varrho)) - S_{1j}(\varphi(t_1; t_{\alpha'}, v_\varrho))$$
$$\equiv \psi_j(t_1; t_{\alpha'}, \overset{\nu}{v}_\varrho(t_\alpha)) - \psi_j(t_1; t_{\alpha'}, v_\varrho(t_\alpha)) = \Delta^{(\nu)}\psi_j .$$

Der gleichmäßigen Konvergenz $\lim\limits_{\nu\to\infty} v_\varrho^{(\nu)} \Rightarrow v_\varrho$ zufolge ist dann in $\mathfrak{B}_{t_1^*}$

$\lim\limits_{\nu\to\infty} |\Delta^{(\nu)}\psi_j| = \lim\limits_{\nu\to\infty} \left| \dfrac{\partial s_{(i)}^{(\nu)}}{\partial S_{1j}} - \dfrac{\partial s_{(i)}}{\partial S_{1j}} \right| = 0$[1]) und damit

$$\left| \int\limits_{\mathfrak{B}_\nu} \mathscr{E}(x^{(\nu)}, \pi(x^{(\nu)}), p^{(\nu)})\, dt_1 \dots dt_m - \int\limits_{\mathfrak{B}_{t_1^*}} \mathscr{E}(x, \pi(x), p)\, dt_1 \dots dt_m \right|$$
$$\leqq \Big[\int\limits_{\mathfrak{B}_\nu} |\mathscr{E}(x^{(\nu)}\pi(x^{(\nu)}), p^{(\nu)}) - \mathscr{E}(x, \pi(x), p)|\, dt_1 \dots dt_m$$
$$+ \int\limits_{\mathfrak{B}_{t_1^*} - \mathfrak{B}_\nu} |\mathscr{E}(x, \pi(x), p)|\, dt_1 \dots dt_m \Big]$$
$$\leqq \int\limits_{\mathfrak{B}_\nu} \{ |\tilde{\mathscr{E}}_{xj}|\, |\overset{\nu}{x}_j - x_j| + |\tilde{\mathscr{E}}_{\pi(j)}|\, |\overset{\nu}{\pi}_{(j)} - \pi_{(j)}| \tag{62b}$$
$$+ |\tilde{\mathscr{E}}_{p(j)}|\, |\overset{\nu}{p}_{(j)} - p_{(j)}| \}\, dt_1 \dots dt_m + N^* \cdot \frac{1}{\nu}$$

mit $N^* = \operatorname{Max}\limits_{\mathfrak{B}_{t_1^*}} |\mathscr{E}(x, \pi(x), p)| \prod\limits_{\alpha'=2}^{m} (b_{\alpha'} - a_{\alpha'})$, wobei der erste Summand von (62b) für $\nu \to \infty$ gegen Null konvergiert, das gleiche trifft aber auch für den zweiten Summand zu. Das heißt,

$$\lim_{\nu\to\infty} \int\limits_{\mathfrak{B}_\nu} \mathscr{E}(x^{(\nu)}, \pi(x^{(\nu)}), p^{(\nu)})\, dt_1 \dots dt_m = \int\limits_{\mathfrak{B}_{t_1^*}} \mathscr{E}(x, \pi(x), p)\, dt_1 \dots dt_m,$$

so daß in Verbindung mit (62a) durch Grenzübergang aus (61) die Gleichung folgt

$$J(V) - J(E_{t_1^*}) = \int\limits_{\mathfrak{B}_{t_1^*}} \mathscr{E}(x(t_\alpha), \pi(x(t_\alpha)), p(t_\alpha))\, dt_1 \dots dt_m;$$

damit ist aber (59) bewiesen.

---

[1]) Und zwar in dem Sinne, daß zu beliebig klein vorgegebenem $\sigma_0 > 0$ stets ein $n_0(\sigma_0)$ existiert, so daß für *alle* (t_α) aus $\mathfrak{B}_\nu$ und $\nu > n_0(\sigma_0)$: $|\Delta^{(\nu)}\psi_j| < \sigma_0$ (bzw. $\left| \dfrac{\partial s_{(i)}}{\partial S_{1j}} - \dfrac{\partial s_{(i)}^{\nu}}{\partial S_{1j}} \right| < \sigma_0$) ist. Insbesondere ist damit $\lim\limits_{\nu\to\infty} \int\limits_{\mathfrak{B}_\nu} |s_{(i)} - s_{(i)}^{\nu}|\, dt_1 \dots dt_m = \lim\limits_{\nu\to\infty} \int\limits_{\mathfrak{B}_\nu} |\pi_{(i)} - \pi_{(i)}^{\nu}|\, dt_1 \dots dt_m = 0$.

Entsprechend (20) ergibt sich so aus (59) die

Folgerung: (63)
Sind die konjugierten Punkte bzgl. *aller* Punkte von $\mathfrak{A}^*$ auf der $(m-1)$-parametrigen Extremalkurvenschar $x_j = \varphi_j(t_1; t_{\alpha'}, 0) \equiv e_j(t_1; t_{\alpha'})$ zum Lagrange-Problem (36) bzw. (38) *außerhalb* des Extremalenstücks $E_\gamma: x_i = e_i(t_\alpha)$ für $(t_{\alpha'}) \in \mathfrak{K}$ $(\alpha' = 2, \ldots, m)$, $0 \leqq t_1 \leqq \gamma(t_{\alpha'}) < \Phi(t_{\alpha'})$ (wobei $\gamma(t_{\alpha'})$ über $\mathfrak{K}$ stetig und stückweise stetig differenzierbar sei), so läßt sich E_γ in ein geodätisches Feld einbetten, und es stellt damit E_γ eine (schwache) Minimale zum Variationsproblem (1) dar. Das heißt, ist V eine Vergleichsfläche zu E_γ und verschieden von E_γ, wobei sie die Darstellung $x_i = \varphi_1(t_1; t_{\alpha'}, v_\varrho(t_\alpha))$ für $|v_\varrho| < \delta_1$ und $\left|\frac{\partial v_\varrho}{\partial t_\alpha}\right| < \delta_1$ hat bei hinreichend klein vorgegebener Konstanten $\delta_1 > 0$, so ist $J(V) - J(E_\gamma) > 0$.

Zur Erläuterung dieser Aussage sei daran erinnert, daß bei einem Lagrange-Problem vom Typ (38), als ein Variationsproblem der Klasse $(n-m)$, der konjugierte Punkt zu einem vorgegebenen Punkt P_0 auf einer Extremalen $\mathfrak{C}$ (also in unserem Falle zu einem Punkt $x_i = e_i(0; t_{\alpha'})$ bei *festem* $(t_{\alpha'}) \in \mathfrak{K}$ auf der Extremalen $x_i = e_i(t_1; t_{\alpha'})$) dadurch bestimmt wird, daß man die Gesamtheit aller zur Extremalen $\mathfrak{C}$ benachbarten Extremalen durch P_0 aufstellt (als eine $(n-m)$-parametrige Kurvenschar, die hier durch (53) gegeben ist). Der erste Brennpunkt dieser Schar von P_0 aus längs $\mathfrak{C}$ betrachtet ist dann der konjugierte Punkt zu P_0 (d. h. in unserem Spezialfall: der erste Punkt auf $x_i = e_i(t_1; t_{\alpha'})$ — von $e_i(0; t_{\alpha'})$ aus betrachtet — für den der Rang der Matrix

$$\left(\frac{\partial \varphi_i}{\partial t_1}, \frac{\partial \varphi_i}{\partial v_\varrho}\right)_{\substack{i=1,\ldots,n \\ \varrho=1,\ldots,n-m \\ v_\sigma=0}}$$

kleiner als $n - m + 1$ ist oder, was nach (54) und (57) damit gleichwertig ist, für den die Determinante $\Delta(t_1; t_{\alpha'}, v_\varrho)_{v_\sigma=0}$ erstmalig gleich Null ist).

Mit dem Ergebnis (63) ist ein verhältnismäßig einfaches hinreichendes Kriterium für die Existenz eines Minimums im Großen bzgl. des Variationsproblems (1) und einer vorgegebenen positiv regulären Lösung $e_i(t_\alpha)$ der Eulerschen Differentialgleichung (10) gegeben. Wir können (63) noch durch folgende Aussage ergänzen:

Behauptung: (64)

Bei fest vorgegebenen Funktionen $S^0_{\alpha'}(x)$ im Sinne von (45') — d. h. also, zu fest vorgegebenem Lagrange-Problem (38) — gibt es nur dann eine mindestens zweimal stetig differenzierbare Funktion $\tilde{S}_1(x)$, die zusammen mit den Funktionen $S^0_{\alpha'}(x)$ ein geodätisches Feld „zu" $E_\gamma : x_i = e_i(t_\alpha)$ mit $(t_{\alpha'}) \in \mathfrak{K}$, $0 \leqq t_1 \leqq \gamma(t_{\alpha'}) < \Phi(t_{\alpha'})$ liefert, wenn die mittels der speziellen Anfangsbedingungen (49) konstruierte Funktion $S_1(x)$ in Verbindung mit den Funktionen $S^0_{\alpha'}(x)$ dasselbe leistet.

Mit anderen Worten ist also nach (64) unser spezielles konstruiertes geodätisches Feld bei vorgegebenen Funktionen $S^0_{\alpha'}(x)$ das „günstigste", indem es am „weitesten" reicht, d. h., ein maximal großes Stück von E einbettet.

Beweis: Angenommen, es ließe sich E_γ *nicht* in ein geodätisches Feld im Sinne der obigen speziellen Konstruktion (vgl. Seite 40) einbetten; d. h., wir nehmen an, es wäre $\Delta(t_1; t_{\alpha'}, v_\varrho)_{v_\sigma=0}$ (siehe (57)) gleich Null auf der Mannigfaltigkeit $t_1 = \gamma^*(t_{\alpha'})$ $(t_{\alpha'}) \in \mathfrak{K}$ und ungleich Null für $0 < t_1 < \gamma^*(t_{\alpha'})$ mit Min $(\gamma^* - \gamma) < 0$. ($\gamma^*(t_{\alpha'})$ können wir dann auf Grund der Definition $\mathfrak{K}$ von $\Delta(t_1; t_{\alpha'}, v_\varrho)$ und der zweimaligen stetigen Differenzierbarkeit der Funktionen $\varphi_i(t_1, t_{\alpha'}, v_\varrho)$ von (51) als einmal stetig differenzierbar über $\mathfrak{K}$ voraussetzen). Gäbe es nun ein anderes geodätisches Feld „zu" E_γ bei gleicher Wahl der Funktionen $S^0_{\alpha'}(x)$ $(\alpha' = 2, \ldots, m)$ und bei Zugrundelegung einer Funktion $\tilde{S}_1(x)$ im Sinne der Aussage (64), so würde $\tilde{S}_1(x)$ in seinem Existenzbereich ein geodätisches Feld zum *eindimensionalen* Lagrange-Problem (38) aufbauen, das die Kurven $x_i = e_i(t_1; t_{\alpha'})$ (mit $t_{\alpha'} = \text{const}$, $(t_{\alpha'}) \in \mathfrak{K}$) einbettet für $0 \leqq t_1 \leqq \gamma(t_{\alpha'})$. Diese letzte Aussage ergibt sich unmittelbar daraus, daß wegen (8) und (47) auf E_γ

$$\tilde{s}_{(i)}\big(e(t_\alpha)\big) = s^0_{(i)}\big(e(t_\alpha)\big) \text{ mit } \tilde{s}_{(i)} = \frac{\partial\big(\tilde{S}_1, S^0_2, \ldots S^0_m\big)}{\partial(x_{i_1} \ldots x_{i_m})}$$

ist, so daß nach (50) und (48a)

$$\frac{\partial e_i(t_1; t_{\alpha'})}{\partial t_1} = H_{y_i}\big(e, \tilde{S}_{1j}(e)\big) \equiv F_{(k)}\big(e; s^0_{(j)}(e)\big) \frac{\partial s^0_{(k)}}{\partial S^0_{1i}}(e)$$

gilt; das ist aber gerade die charakteristische Bedingung dafür, daß $e_i(t_1; t_{\alpha'})$ in das geodätische Feld zu $\tilde{S}_1(x)$ bzgl. des Lagrange-Problems (38) eingebettet ist.

Wir greifen uns nun einen solchen festen Punkt $(t^0_{\alpha'})$ von $\mathfrak{K}$ heraus für den $\gamma^*(t^0_{\alpha'}) - \gamma(t^0_{\alpha'}) < 0$ ist und dessen Existenz durch unsere gemachten Annahmen gesichert ist. Wegen $\Delta(\gamma^*(t^0_{\alpha'}), t_{\alpha'}, v_\varrho)_{|v_\sigma=0} = 0$ enthält das Kurvenstück $x_i = e_i(t_1; t^0_{\alpha'})$ für $0 \leqq t_1 \leqq \gamma(t^0_{\alpha'})$ den konjugierten Punkt zu $x^0_i = e_i(0; t^0_{\alpha'})$ in seinem Inneren, so daß es nach der Theorie der konjugierten Punkte bei Lagrange-Problemen in seiner ganzen Länge für $0 \leqq t_1 \leqq \gamma(t^0_{\alpha'})$ *keine* Extremale zu (38) mehr ist. Andererseits ist dieses Kurvenstück in das geodätische Feld zu $\tilde{S}_1(x)$ eingebettet und müßte folglich doch ein relatives Extremum zu (38) liefern (bei festen Endpunkten). Dieser erzielte Widerspruch ist eine Folge unserer Annahmen, so daß also (64) wie behauptet gelten muß.

Unter Benutzung der Eigenwertkriterien bei eindimensionalen Lagrange-Problemen (vgl. [13], Kap. 11 und [14]) können wir zu (63) auch die äquivalente Aussage machen:

(65)

Sind sämtliche positive normale[1]) Eigenwerte zu dem Eigenwertproblem des erweiterten Systems Jacobischer Differentialgleichungen bzgl. des Problems (38) und der Kurven $x_i = e_i(t_1; t_{\alpha'})$,

$$\begin{aligned} \dot{\xi}_i - b_{ki}(t_1; t_{\alpha'})\,\xi_k - c_{ik}(t_1; t_{\alpha'})\,\eta_k &= 0 \\ \dot{\eta}_i + b_{ik}(t_1; t_{\alpha'})\,\eta_k + \mu a_{ik}(t_1; t_{\alpha'})\,\xi_k &= 0 \end{aligned} \qquad (\text{für } t_{\alpha'} = \text{const})$$

mit den Randbedingungen: $\xi_i(t_1) = 0$ für $t_1 = 0$ und $t_1 = \gamma(t_{\alpha'})$ (wobei $a_{ij} = H_{x_i x_j}(e, S^0_{1k}(e))$, $b_{ij} = H_{x_i y_j}(e, S^0_{1k}(e))$ und $c_{ij} = H_{y_i y_j}(e, S^0_{1k}(e))$ ist), *größer* als 1 für *alle* $(t_{\alpha'})$ aus $\mathfrak{K}$, so läßt sich E_γ in ein geodätisches Feld einbetten und E_γ ist eine schwache Minimale von (1) [im Sinne von (63)][2]).

d) Hinreichende und notwendige Bedingungen für die Existenz eines geodätischen Feldes im Großen

Die Aussagen (63) bzw. (65) stellen bereits hinreichende Bedingungen für die Existenz eines speziellen geodätischen Feldes zu E_γ dar.

---

[1]) „Normal" heißt dabei ein Eigenwert, zu dem eine Eigenfunktion $(\xi_i(t_1), \eta_i(t_1))$ mit $\int\limits_0^{\gamma(t_{\alpha'})} \sum\limits_{i=0}^{n} \xi_i^2 \, dt_1 \neq 0$ existiert.

[2]) Diese Aussage ist dabei in dem Sinne zu verstehen, daß bei Nichtvorhandensein positiver normaler Eigenwerte als kleinster positiver normaler Eigenwert $\mu_1 = +\infty$ angesehen wird.

Um aber den Extremalcharakter von E_γ bzgl. (1) nachzuweisen, genügt es, E_γ in *irgendein* geodätisches Feld einzubetten, so daß diese erwähnten hinreichenden Kriterien zunächst einen viel zu speziellen Charakter tragen. Das heißt, es brauchen (63) bzw. (65) gar nicht erfüllt zu sein und trotzdem können andere geodätische Felder zu E_γ existieren, die E_γ völlig einbetten.

Unser Ziel soll es sein, hinreichende und notwendige Bedingungen dafür aufzustellen, daß *mindestens* ein geodätisches Feld zu E_γ existiert.

Wir nehmen zunächst an, es existiere ein geodätisches Feld zu E_γ, das durch die m viermal stetig differenzierbaren Funktionen $S_\alpha^*(x)$ $(\alpha = 1, \ldots, m)$ entsprechend der Betrachtungen von Seite 18 erzeugt wird in einer gewissen Umgebung aller Punkte von E_γ im (x_i)-Raum. Da jedem Punkte (x_i) von E_γ nach (42') umkehrbar eindeutig ein Werte-m-Tupel (t_α) zugeordnet wird, entspricht jedem Punkt (t_α) von $\mathfrak{B}_\gamma$[1]) eineindeutig der Punkt $\tau_\alpha = S_\alpha^*(e(t_\beta))$ $(\alpha = 1, \ldots, m)$. Lösen wir diese Gleichungen nach t_β auf $(\beta = 1, \ldots, m)$, so erhalten wir die viermal stetig differenzierbaren Funktionen $t_\beta = A_\beta(\tau_\alpha)$; wegen $\left.\dfrac{\partial(S_1^*, \ldots, S_m^*)}{\partial(t_1, \ldots, t_m)}\right|_{x_j = e_j} = s_{(i)}^*(e)p_{(i)}^0 = f_{(i)}(e, p^0)p_{(i)}^0 = 1$[2]) ist im übrigen $A = \operatorname{Det}\left|\dfrac{\partial A_\beta}{\partial t_\alpha}\right| = 1$. Definieren wir dann die Funktionen

$$\hat{S}_\beta(x) = A_\beta(S_\alpha^*(x)), \tag{66}$$

so liefern diese wegen $A = 1$ offensichtlich wieder dasselbe geodätische Feld zu E_γ wie die Funktionen S_α^*, denn es ist

$$\hat{s}_{(i)} \equiv \frac{\partial(\hat{S}_1, \ldots, \hat{S}_m)}{\partial(x_{i_1}, \ldots, x_{i_m})} = A\,\frac{\partial(S_1^*, \ldots, S_m^*)}{\partial(x_{i_1}, \ldots, x_{i_m})} = s_{(i)}^*. \tag{66a}$$

Aus dem Bestehen irgendwelcher m Funktionen der Gestalt $t_\alpha = S_\alpha(x_j)$, die die Bedingungen $s_{(i)} = f_{(i)}(e_j, p_{(j)}^0)$ auf E_γ erfüllen, kann leicht die Relation $S_{\alpha i}(e) = f_{x_{i\alpha}}(e, p^0)$ abgeleitet werden (vgl. [24] S. 379). Da aber sowohl die Funktionen $S_\alpha^0(x)$ als auch die $\hat{S}_\alpha(x)$ gemäß (66a) diese Voraussetzungen erfüllen, — man beachte, daß das

---

[1]) $\mathfrak{B}_\gamma$ ist dabei der Grundbereich zu E_γ im Parameterraum der t_α.

[2]) $s_{(i)}^* = \dfrac{\partial(s_1^*, \ldots, s_m^*)}{\partial(x_{i_1}, \ldots, x_{i_m})}$.

durch die Funktionen $S^*_\alpha(x)$ erzeugte geodätische Feld nach Voraussetzung E_γ einbettet —, gilt auf E_γ auch $S^0_{\alpha i} = f_{x_{i\alpha}}$ und $\hat{S}_{\alpha i} = f_{x_{i\alpha}}$, also

$$S^0_{\alpha i}(e) = \hat{S}_{\alpha i}(e). \tag{66b}$$

Behauptung: (67)

Zu allen mindestens viermal stetig differenzierbaren Funktionen $\hat{S}_\alpha(x)$ $(\alpha = 1, \ldots, m)$ eines geodätischen Feldes zu E_γ lassen sich stets die Funktionen $r_{\varrho\sigma i}$ von (44) so angeben, daß nach dem speziellen Konstruktionsverfahren von § 3a) die Funktionen $S^0_\alpha(x)$ auf E_γ nicht nur die gleichen ersten Ableitungen, sondern auch die gleichen zweiten Ableitungen wie die $\hat{S}_\alpha(x)$ haben.

Beweis: Wir bestimmen die $r_{\varrho\sigma i}(t_\alpha)$ so, daß die folgenden Gleichungen in den Punkten von E_γ erfüllt sind:

$$\frac{\partial^2 \hat{S}_\alpha}{\partial x_j\, \partial x_k} q_{\varrho j}\, q_{\sigma k} + \hat{S}_{\alpha j}\, r_{\sigma\varrho j} = 0 \tag{68}$$

$$\text{für } \alpha = 1, \ldots, m;\ \sigma, \varrho = 1, \ldots, m - n.$$

Offensichtlich ist dabei nach (68) bei festgehaltenen Werten σ und ϱ von vornherein die Existenz von zweimal stetig differenzierbaren Funktionen $r_{\sigma\varrho i}(t_\alpha)$ (mit $r_{\sigma\varrho i} = r_{\varrho\sigma i}$) gesichert, da $(\hat{S}_{\alpha j})^{j=1,\ldots,n}_{\alpha=1,\ldots,m}$ den Rang m besitzt.

Mit diesen Funktionen $r_{\sigma\varrho j}$ konstruieren wir nun nach obigen Verfahren Funktionen $U_\varrho(x)$ und $S^0_\alpha(x)$[1]. Mit $x_i = \mathfrak{x}_i(t_\alpha, u_\varrho)$ im Sinne von (44) folgt daraus

$$S_\alpha(\mathfrak{x}_i) \equiv t_\alpha, \quad U_\nu(\mathfrak{x}_i) \equiv u_\nu.$$

Bilden wir für diese Gleichungen die zweiten Ableitungen $\dfrac{\partial^2(\ldots)}{\partial u_\sigma\, \partial u_\varrho}$, so ergibt sich auf E_γ

$$\left.\begin{aligned} &\frac{\partial^2 S^0_\alpha}{\partial x_j\, \partial x_k} q_{\varrho j} q_{\sigma k} + S^0_{\alpha j} r_{\sigma\varrho j} = 0 \\ &\frac{\partial^2 U_\nu}{\partial x_j\, \partial x_k} q_{\varrho j} q_{\sigma k} + \frac{\partial U_\nu}{\partial x_j} r_{\sigma\varrho j} = 0. \end{aligned}\right\} \tag{69a}$$

[1]) Daß dabei in unserem vorliegenden Falle die $r_{\sigma\varrho i}(t_\alpha)$ nur zweimal stetig differenzierbar sind, während in § 3 viermalige stetige Differenzierbarkeit vorausgesetzt wurde, wirkt sich nur insofern aus, daß man hier von den konstruierten Funktionen $S^0_\alpha(x)$ nur ihre zweimalige stetige Differenzierbarkeit erwarten kann. Im übrigen existieren auf E_γ auch die 1. und 2. Ableitungen von $\dfrac{\partial S^0_\alpha}{\partial x_i}(e)$ und $\dfrac{\partial^2 S^0_\alpha}{\partial x_i \partial x_j}(e)$ nach t_α, also „längs" E_γ.

Lösen wir andererseits $t_\alpha = \hat{S}_\alpha(x)$, $u_\varrho = U_\varrho(x)$ nach x_i auf (in der Umgebung von E_γ), so ergibt sich $x_i = \hat{\mathfrak{x}}_i(t_\alpha, u_\varrho)$ mit

$$\hat{S}_\alpha(\hat{\mathfrak{x}}) \equiv t_\alpha, \quad U_\nu(\hat{\mathfrak{x}}_i) \equiv u_\nu.$$

Entsprechende Differentiation wie oben führt in den Punkten von E_γ auf

$$\begin{aligned} \frac{\partial^2 \hat{S}_\alpha}{\partial x_j\, \partial x_k} q_{\varrho j} q_{\sigma k} + \hat{S}_{\alpha j} \frac{\partial^2 \hat{\mathfrak{x}}_j}{\partial u_\varrho\, \partial u_\sigma} &= 0 \\ \frac{\partial^2 U_\nu}{\partial x_j\, \partial x_k} q_{\varrho j} q_{\sigma k} + \frac{\partial U_\nu}{\partial x_j} \frac{\partial^2 \hat{\mathfrak{x}}_j}{\partial u_\varrho\, \partial u_\sigma} &= 0. \end{aligned} \tag{69b}$$

Da das Gleichungssystem (69b) eindeutig wegen $\operatorname{Det}\left(\hat{S}_{\alpha j} \middle| \frac{\partial U_\nu}{\partial x_j}\right) = \operatorname{Det}\left(S^0_{\alpha j} \middle| \frac{\partial U_\nu}{\partial x_j}\right) = 1$ nach den $\frac{\partial^2 \hat{\mathfrak{x}}_j}{\partial u_\varrho\, \partial u_\sigma}$ aufgelöst werden kann, andererseits wegen (68) und der zweiten Gleichungsgruppe von (69a) auch die Lösung $r_{\varrho\sigma j}$ hätte, muß $\left.\frac{\partial^2 \hat{\mathfrak{x}}_j}{\partial u_\varrho\, \partial u_\sigma}\right|_{E_\gamma} = r_{\varrho\sigma j}(t_\alpha)$ sein.

Bilden wir dann für die Identitäten

$$\mathfrak{x}_i(S^0_\alpha, U_\varrho) \equiv x_i, \quad \hat{\mathfrak{x}}_i(\hat{S}_\alpha, U_\varrho) \equiv x_i$$

die Ableitungen $\frac{\partial^2(\cdots)}{\partial x_j\, \partial x_k}$, so erhält man auf E_γ je ein System von Bestimmungsgleichungen für $\frac{\partial^2 S^0_\alpha}{\partial x_j \partial x_k}, \frac{\partial^2 U_\nu}{\partial x_j \partial x_k}$ bzw. $\frac{\partial^2 \hat{S}_\alpha}{\partial x_j \partial x_k}, \frac{\partial^2 U_\nu}{\partial x_j \partial x_k}$, die wegen (66b) und der Gleichheit von $r_{\varrho\sigma j}$ und $\left.\frac{\partial^2 \hat{\mathfrak{x}}_j}{\partial u_\varrho\, \partial u_\sigma}\right|_{E_\gamma}$ die gleiche Gestalt haben.

Die Auflösung dieser Systeme liefert somit die Behauptung

$$\left.\frac{\partial^2 \hat{S}_\alpha}{\partial x_j\, \partial x_k}\right|_{E_\gamma} = \left.\frac{\partial^2 S^0_\alpha}{\partial x_j \partial x_k}\right|_{E_\gamma}.$$

Hilfssatz: (70)

Die Jacobischen Differentialgleichungen von (65) sind bezüglich ihrer Koeffizienten a_{ij}, b_{ij}, c_{ij} durch eine Abhängigkeit von den Funktionen $S^0_{\alpha'}(x)$ $(\alpha' = 2, \ldots, m)$ und gewissen Ableitungen derselben auf E_γ gekennzeichnet. Die höchsten dabei auftretenden Ableitungen sind die Ableitungen 2. Ordnung $\frac{\partial^2 S^0_{\alpha'}}{\partial x_j \partial x_k}$ und deren erste Ableitungen in Tangentialrichtung zu E_γ; insbesondere hängen die Jacobischen Differentialgleichungen also auch nur von den $r_{\varrho\sigma i}(t_\alpha)$ und ihren *ersten* Ableitungen ab.

Beweis: Für die Glieder b_{ij} und c_{ij} ist die Aussage (70) offensichtlich unter Beachtung von (48a) und (48b) erfüllt. Der Ausdruck $a_{ij} = H_{x_i x_j}$ ausführlich hingeschrieben, erweckt aber den Anschein, als hinge er auch noch von den Ableitungen 3. Ordnung $\frac{\partial^3 S^0_{\alpha'}}{\partial x_i \partial x_j \partial x_k}$ ab, da außer Gliedern mit den Ableitungen $\frac{\partial S^0_{\alpha'}}{\partial x_i}$ und $\frac{\partial^2 S^0_{\alpha'}}{\partial x_i \partial x_j}$ noch der Summand auftritt:

$$F_{(l)}(e_k, s^0_{(k)}) \cdot S^0_{1m} \cdot \frac{\partial^2 s^0_{(l)}}{\partial S^0_{1m} \partial S^0_{\alpha r}} \cdot \frac{\partial^3 S^0_\alpha}{\partial x_r \partial x_j \partial x_i}. \tag{71}$$

Nun folgen aber aus der Identität $\frac{\partial s^0_{(l)}}{\partial S^0_{1m}} S^0_{1m} \equiv s^0_{(l)}$ durch Differentiation nach $S^0_{\alpha r}$ die Relationen

$$\frac{\partial^2 s^0_{(l)}}{\partial S^0_{1m} \partial S^0_{\alpha r}} S^0_{1m} = \frac{\partial s^0_{(l)}}{\partial S^0_{\alpha r}} - \frac{\partial s^0_{(l)}}{\partial S^0_{1m}} \delta_{\alpha 1} \delta_{mr}.$$

Falten wir diese mit $F_{(l)}(e_k, s^0_{(k)})$ und $\frac{\partial^3 S^0_\alpha}{\partial x_r \partial x_j \partial x_i}$ in den Punkten von E_γ, so erhalten wir Gleichungen, deren linke Seiten mit den entsprechenden Ausdrücken von (71) identisch sind. Die rechten Seiten der Gleichungen können aber wegen $F_{(l)}(e_k\ s^0_{(k)}) = p^0_{(l)}$ und der aus (66b) leicht abzuleitenden Beziehung

$$\frac{\partial e_r}{\partial t_\alpha} = p^0_{(l)} \frac{\partial s^0_{(l)}}{\partial S^0_{\alpha r}} \Big|_{E_\gamma}$$

(vgl. [24], S. 379, Formel (8.6)[1])) auf die Form gebracht werden

$$\left(\frac{\partial e_r}{\partial t_\alpha} - \delta_{\alpha 1} \frac{\partial e_r}{\partial t_1}\right) \cdot \frac{\partial^3 S^0_\alpha}{\partial x_r \partial x_j \partial x_i} = \sum_{\alpha'=2}^{m} \frac{\partial}{\partial t_{\alpha'}} \left(\frac{\partial^2 S^0_{\alpha'}(e)}{\partial x_i \partial x_j}\right),$$

---

[1]) Oder in unserer vorliegenden Arbeit: Formel (10a).

und damit ist (70) bewiesen. Die in (70) gemachte Zusatzbemerkung über $r_{\varrho\sigma i}(t_\alpha)$ ist dann nach dem vorangehend Bewiesenen eine Folge von (68).

Folgerung: (72)

Hat das Eigenwertproblem von (65) zu gewissen einmal stetig differenzierbaren Funktionen $r_{\varrho\sigma i}(t_\alpha)$ über $\mathfrak{B}_\gamma$ $(i = 1, \ldots, n;$ $\varrho, \sigma = 1, \ldots, n - m)$ den kleinsten positiven normalen Eigenwert $\mu_1(t_{\alpha'}) > 1$ zu allen Punkten $(t_{\alpha'})$ aus $\mathfrak{K}$, so ist diese Eigenschaft auch bei dem Eigenwertproblem (65) zu geeigneten *viermal* stetig differenzierbaren $r_{\varrho\sigma i}(t_\alpha)$ erfüllt.

Beweis: Wir nehmen an, das Eigenwertproblem zu (65) habe — gebildet für die Funktionen $r_{\varrho\sigma i}(t_\alpha) = r^0_{\varrho\sigma i}(t_\alpha)$ — den Eigenwert $\mu_1^0(t_{\alpha'}) > 1$ für alle $(t_{\alpha'}) \in \mathfrak{K}$, währenddessen das gleiche Problem zu viermal stetig differenzierbaren $r_{\varrho\sigma i}$ stets einen Eigenwert $\mu_1(t_{\alpha'})$[1]) besitzt, der an mindestens einer Stelle $(t^*_{\alpha'})$ des Parameterraumes $\mathfrak{K}$ ≤ 1 ist.

Nach der Theorie der eindimensionalen Lagrange-Probleme (vgl. [13], S. 35, Formel (13.2)) besitzt dann das „akzessorische Variationsproblem"

$$J_{\mathrm{II}} = \int\limits_0^{\gamma(t_{\alpha'})} (c^0_{ij}\,\eta_i\eta_j - a^0_{ij}\xi_i\,\xi_j)\,dt_1 \to \text{Minimum } [t_{\alpha'} = \text{const}; (t_{\alpha'}) \in \mathfrak{K}] \quad (73)$$

mit den Nebenbedingungen

$$\dot{\xi}_i = b^0_{ki}\,\xi_k + c^0_{ik}\eta_k, \quad \xi_i(0) = \xi_i(\gamma) = 0 \quad (i = 1, \ldots, n)^{2})$$

und stückweise stetig differenzierbaren Funktionen $\xi_i(t_1)$, $\eta_i(t_1)$ die Minimale $\xi_i \equiv 0$, während für alle anderen Kurven $J_{\mathrm{II}} > 0$ ist.

Es gilt dann zu (73):

(73')

Auf der Kurve $\xi_i \equiv 0$ liegt bei beliebigen, aber festgehaltenen Werten $(t_{\alpha'})$ aus $\mathfrak{K}$ der konjugierte Punkt zu $t_1 = 0$ *außerhalb* des Intervalls $0 < t_1 \leq \gamma(t_{\alpha'})$.

---

[1]) Die Eigenwerte sind hier im Sinne von „kleinste positive normale Eigenwerte" zu verstehen.

[2]) Die a^0_{ij}, b^0_{ij} und c^0_{ij} sind dabei die im Satz (65) erklärten Funktionen a_{ij}, b_{ij} und c_{ij} in Abhängigkeit von $r^0_{\varrho\sigma i}(t_\alpha)$ und $\dfrac{\partial r^0_{\varrho\sigma i}}{\partial t_\alpha}$.

Andererseits können wir die Funktionen $r^0_{\varrho\sigma i}(t_\alpha)$ über $\mathfrak{B}_\gamma$ mittels einer von L. LICHTENSTEIN gegebenen Verallgemeinerung des Approximationssatzes von Weierstraß (bzgl. stetiger Funktionen) — vgl. [20], S. 134 — durch beliebig oft differenzierbare Funktionen $r^l_{\varrho\sigma i}(t_\alpha)$ so approximieren, daß auf $\mathfrak{B}_\gamma$ im Sinne der gleichmäßigen Konvergenz gilt

$$\lim_{l\to\infty} r^l_{\varrho\sigma i} \Rightarrow r^0_{\varrho\sigma i}, \qquad \lim_{l\to\infty} \frac{\partial r^l_{\varrho\sigma i}}{\partial t_\alpha} \Rightarrow \frac{\partial r^0_{\varrho\sigma i}}{\partial t_\alpha}. \tag{74}$$

Das entsprechend (73) gebildete Variationsproblem mit Funktionen a^l_{ij}, b^l_{ij} und c^l_{ij} an Stelle von a^0_{ij}, b^0_{ij} und c^0_{ij} (die a^l_{ij}, b^l_{ij} und c^l_{ij} sind dabei genau so erklärt wie a^0_{ij}, b^0_{ij} und c^0_{ij}, an die Stelle von $r^0_{\varrho\sigma i}$ und $\frac{\partial r^0_{\varrho\sigma i}}{\partial t_\alpha}$ treten dabei nur $r^l_{\varrho\sigma i}$ und $\frac{\partial r^l_{\varrho\sigma i}}{\partial t_\alpha}$; $l = 1, 2, \ldots n$) besitzt dann — auf Grund unserer Voraussetzungen über die Werte $\mu_1(t_{\alpha'})$ zu viermal stetig differenzierbaren Funktionen $r^l_{\varrho\sigma i}$ — für mindestens einen Parameter-Punkt $(t^l_{\alpha'})$ aus $\mathfrak{K}$ eine Extremale $\xi_i \equiv 0$ $(i = 1, \ldots, n)$, deren konjugierter Punkt $\hat{t}^l$ zu $t_1 = 0$ im Intervall $0 < t_1 \leqq \gamma(t^l_{\alpha'})$ liegt. Da $\mathfrak{K}$ eine abgeschlossene Punktmenge ist, können wir aus der Folge $\{(t^l_{\alpha'})\}$ eine Teilfolge $\{(t^{l'}_{\alpha'})\}$ auswählen, die gegen einen Punkt $(t^0_{\alpha'})$ von $\mathfrak{K}$ konvergiert. Wegen (74) und (70) konvergiert dann auch die Folge der konjugierten Punkte $\{\hat{t}^{l'}\}$ gegen einen Punkt $\hat{t}^0$ des Intervalls $0 < t_1 \leqq \gamma(t^0_{\alpha'})$ (man beachte $\lim_{l'\to\infty} \gamma(t^{l'}_{\alpha'}) = \gamma(t^0_{\alpha'})$!) und dieser müßte ein konjugierter Punkt zu $t_1 = 0$ längs der Extremalen $\xi_i \equiv 0$ von (73) für $t_{\alpha'} = t^0_{\alpha'}$ sein[1]); diese Aussage steht aber im Widerspruch zu (73′). q. e. d.

---

[1]) Diese Aussage ist eine unmittelbare Folge davon, daß sich die konjugierten Punkte zu $t_1 = 0$ auf algebraischem Wege aus den Funktionswerten des Hauptlösungssystems der Differentialgleichungen

$$\begin{aligned} \dot{\xi}_i &= b_{ki}\,\xi_k + c_{ik}\eta_k \\ \dot{\eta}_i &= -\,b_{ik}\,\eta_k - a_{ik}\,\xi_k \end{aligned} \qquad (i = 1, \ldots, n)$$

errechnen; nach dem allgemeinen Abhängigkeitssatz gehen aber infolge der gleichmäßigen Konvergenz der $a^{l'}_{il}$, $b^{l'}_{ij}$ und $c^{l'}_{ij}$ (nach (74)) die Hauptlösungssysteme für $l' \to \infty$ im Sinne der gleichmäßigen Konvergenz in das zu a^0_{ij}, b^0_{ij}, c^0_{ij} über.

In Verbindung mit (65) kann die Folgerung (72) auch in diese Gestalt gebracht werden:

Satz: (75)

Hat das Eigenwertproblem (65) zu gewissen einmal stetig differenzierbaren Funktionen $r_{\varrho\sigma i}(t_\alpha)$ über $\mathfrak{B}_\gamma$ $(i = 1, \ldots, n;\ \varrho, \sigma = 1, \ldots, n - m)$ den kleinsten positiven normalen Eigenwert $\mu_1(t_{\alpha'}) > 1$ für sämtliche $(t_{\alpha'})$ aus $\mathfrak{K}$, so läßt sich E_γ in ein (spezielles) geodätisches Feld (im Sinne der speziellen Konstruktion von § 3a, b)) einbetten und E_γ stellt eine (schwache) Minimale von (1) dar.

Ergänzend hierzu beweisen wir noch folgenden Satz.

Satz: (76)

Gibt es zu dem Eigenwertproblem (65) für *sämtliche* stetig differenzierbaren Funktionen $r_{\sigma\varrho i}(t_\alpha)$ über $\mathfrak{B}_\gamma$ *keinen* positiven kleinsten normalen Eigenwert $\mu_1(t_{\alpha'})$, der in allen Punkten des $(t_{\alpha'})$-Parameterbereiches $\mathfrak{K}$ größer als 1 ist, so existiert zu E_γ auch kein geodätisches Feld mit mindestens dreimal stetig differenzierbaren Funktionen $S^*_\alpha(x)$ $(a = 1, \ldots, m)$.

Beweis: Aus der Annahme der Existenz eines geodätischen Feldes zu E_γ mit dreimal stetig differenzierbaren Funktionen $S^*_\alpha(x)$ $(\alpha = 1, \ldots, m)$ folgt zunächst nach (66) die Existenz eines geodätischen Feldes zu E_γ mit Funktionen $\hat{S}_\alpha(x)$, welche dreimal stetig differenzierbar sind und auf E_γ die Bedingung $\hat{S}_{\alpha i}(x) = f_{x_{i\alpha}}$ erfüllen. Für diese Funktionen lassen sich nach (68) einmal stetig differenzierbare Funktionen $r_{\varrho\sigma i}(t_\alpha)$ über $\mathfrak{B}_\gamma$ angeben, die die Gleichungen (68) erfüllen. Darüber hinaus sind für sämtliche aber festgehaltene Werte $(t_{\alpha'})$ aus $\mathfrak{K}$ und $0 \leqq t_1 \leqq \gamma(t_{\alpha'})$ die Kurven $x_i = e_i(t_1; t_{\alpha'})$ Extremalkurven des Lagrange-Problems (36) — gebildet mit den Funktionen $\hat{S}_{\alpha'}(x)$ $(\alpha' = 2, \ldots, m)$ — und diese lassen sich wegen der Existenz von $\hat{S}_1(x)$ in ein Extremalenfeld dieses Lagrange-Problems einbetten. Die zweite Variation oder genauer das zugehörige akzessorische Variationsproblem dieses Lagrange-Problems wird dann durch (73) angegeben, wenn wir die dort auftretenden Funktionen a^0_{ij}, b^0_{ij} und c^0_{ij} mit unseren Funktionen $r_{\varrho\sigma i}$ und deren erste Ableitungen bilden. Dem Extremalenfeld unseres Lagrange-Problems läßt sich bekanntlich für alle $(t_{\alpha'})$ aus $\mathfrak{K}$ je ein Extremalenfeld unseres akzessorischen Variationsproblems zuordnen in das die Extremale $\xi_i \equiv 0$ eingebettet ist; für $0 \leqq t_1 \leqq \gamma(t_{\alpha'})$ sind folglich die Kurven $\xi_i \equiv 0$ Minimalen des mit den Funktionen

$r_{\varrho\sigma i}(t_\alpha)$ gebildeten Problems (73), so daß $J_{II} > 0$ ist für sämtliche zulässigen Vergleichsfunktionen $\xi_i(t_1)$ mit $\xi_j\xi_j \not\equiv 0$. Wären nun die Voraussetzungen der Aussage (76) erfüllt, so müßte nach [13], S. 35/36 die zweite Variation J_{II} für gewisse Vergleichsfunktionen $\xi_i(t_1)$ (mit $\xi_j\xi_j \not\equiv 0$) und gewisse $(t_{\alpha'})$ aus $\mathfrak{K}$ auch die Werte $\leqq 0$ annehmen können; diese Aussage steht aber im Widerspruch zu der aus der Existenzannahme von $S_\alpha^*(x)$ gewonnenen Feststellung $J_{II} > 0$, q.e.d..

Fassen wir (75) und (76) zusammen, so erhalten wir den

Hauptsatz: (77)

Es sei die Grundfunktion $f(x, p)$ des Variationsproblems (1) in T fünfmal stetig differenzierbar und erfülle die Voraussetzungen (2), (4) und (7). Weiterhin sei $x_i = e_i(t_\alpha)$ $(i = 1, \ldots, n;$ $\alpha = 1, \ldots, m)$ eine fünfmal stetig differenzierbare Lösung E der Eulerschen Differentialgleichungen (10), die für $(t_\alpha) \in \mathfrak{B}$ nur positiv reguläre Flächenelemente $(e_i, p^0_{(i)})$ besitzt, die ganz im Innern von T liegen. $\mathfrak{B}$ sei ein Parameterbereich im Sinne von (41), (42) und (42′) und schließlich sei $\mathfrak{B}_\gamma$ ein Unterraum zu $\mathfrak{B}$ im Sinne der Definition von S. 48 zu vorgegebener stetiger und stückweise stetig differenzierbarer Funktion $\gamma(t_{\alpha'})$ über $\mathfrak{K}$, dessen zugehöriges Stück von E mit E_γ bezeichnet wird. Dann ist notwendig und hinreichend für die Existenz eines geodätischen Feldes zu E_γ mit mindestens dreimal stetig differenzierbaren Funktionen $S_\alpha(x)$ $(\alpha = 1, \ldots, m)$, daß das Eigenwertproblem (65) für mindestens ein System von stetig differenzierbaren Funktionen $r_{\varrho\sigma i}(t_\alpha)$ $(i = 1, \ldots, n;\ \sigma, \varrho = 1, \ldots, n-m)$ über $\mathfrak{B}_\gamma$ einen positiven kleinsten normalen Eigenwert $\mu_1(t_{\alpha'})$ besitzt, der für *alle* Parameterwerte aus $\mathfrak{K}$ größer als Eins ist. Im Falle $\mu_1(t_{\alpha'}) > 1$ über $\mathfrak{K}$ stellt E_γ eine schwache Minimale zum Variationsproblem (1) dar.

Abschließend zu diesem Kapitel seien noch einige Bemerkungen über die Voraussetzungen an $\mathfrak{B}$ gemacht. Dazu beachten wir, daß die Bedingung: „ein Stück des Randes von $\mathfrak{B}$ ist durch $t_1 = 0$ und $(t_{\alpha'}) \in \mathfrak{K}$ gegeben“, nur aus Bequemlichkeitsgründen gestellt wurde. Die Betrachtungen des § 3 lassen sich auch durchführen, wenn wir diesen Bereich $\mathfrak{B}$ anstatt durch (42) durch

$$\begin{aligned} a_{\alpha'} &\leqq t_{\alpha'} \leqq b_{\alpha'} \\ \Phi_0(t_{\alpha'}) &\leqq t_1 \leqq \Phi(t_{\alpha'}) \end{aligned} \qquad \text{für} \quad \alpha' = 2, \ldots, m$$

charakterisieren (unter Beibehaltung von (42')!), wobei $\Phi_0(t_{\alpha'})$ eine viermal stetig differenzierbare Funktion ist.

Die Anfangsbedingungen (49) sind dann an der Stelle $t_1 = \Phi_0(t_{\alpha'})$ in angegebener Weise zu erklären, die Randbedingungen des Eigenwertproblems (65) nehmen die Gestalt an: $\xi_i = 0$ für $t_1 = \Phi_0(t_{\alpha'})$ und $t_1 = \Phi(t_{\alpha'})$ bei festen Parameterwerten $(t_{\alpha'})$ aus $\mathfrak{K}$. Schließlich kann an Stelle von $\mathfrak{K}$ als ein $(m-1)$-dimensionaler Quader irgendein anderer einfach zusammenhängender Bereich des $(t_2, \ldots, t_m)$-Raumes treten.

§ 4

Quadratische Variationsprobleme im Falle $n = m + 1$

Für den Nachweis der Extremaleigenschaft einer Lösung der Eulerschen Differentialgleichung zu einem Variationsproblem mit fest vorgegebenem Rand, also zu einem Problem vom Typ (1) — wir können aber auch von irgendeiner inhomogenen Gestalt des Variationsproblems zu (1) ausgehen —, ist das Studium der zugehörigen zweiten Variation $\delta^2 J$ von wesentlicher Bedeutung. Im Falle $n = m + 1$, auf den wir uns nunmehr beschränken, ist $\delta^2 J$ vom Typ (vgl. z. B. [17], Formel (29))

$$\delta^2 J = \int_{\mathfrak{B}} \frac{1}{2}\left\{A(\tau_\beta)\,\zeta^2 + 2\,B_\alpha(\tau_\beta)\,\zeta\,\zeta_{\tau_\alpha} + C_{\alpha\gamma}(\tau_\beta)\,\zeta_{\tau_\alpha}\zeta_{\tau_\gamma}\right\} d\tau_1 \ldots d\tau_m \text{ [1]} \quad (78)$$

wobei $\zeta = \zeta(\tau_\beta)$ eine stetige und stückweise stetig differenzierbare Funktion ist, die beliebig gewählt werden kann und auf dem Rand von $\mathfrak{B}$ gleich Null ist. Geht man dabei ursprünglich von einem Variationsproblem in Parametergestalt aus, so ist in (78) für alle $\alpha = 1, \ldots, m$ sogar $B_\alpha \equiv 0$.

Wir untersuchen nun das Minimum von $\delta^2 J$, betrachten also den Ausdruck (78) als Grundintegral eines neuen Variationsproblems im $(\tau_1, \ldots, \tau_m, \zeta)$-Raum, das wir wegen seiner Gestalt des Integranden auch kurz als „quadratisches Variationsproblem" bezeichnen; den Integranden nennen wir abkürzend auch $L(\tau_\beta, \zeta, \zeta_{\tau_\beta})$.

---

[1]) mit $C_{\alpha\gamma} = C_{\gamma\alpha}$.

Um nun die vorangegangenen Untersuchungen von § 1 bis § 3 auf unser quadratisches Variationsproblem

$$\int\limits_{\mathfrak{B}} L\left(\tau_\beta, \zeta, \zeta_{\tau_\beta}\right) d\tau_1 \ldots d\tau_m \to \text{Minimum} \tag{79}$$

übertragen zu können, ist zunächst seine Umwandlung in ein Variationsproblem in Parametergestalt notwendig. Wir führen diesen Schritt aber nicht für (79) durch, sondern aus Zweckmäßigkeitsgründen für das zu (79) äquivalente Variationsproblem

$$\int\limits_{\mathfrak{B}} L^*\left(\tau_\beta, \zeta, \zeta_{\tau_\beta}\right) d\tau_1 \ldots d\tau_m \to \text{Minimum} \tag{79'}$$

mit $L^* = L + 1$.

Es sei $\tau_\alpha = \hat{g}_\alpha(t_\beta)$ $(\alpha = 1, \ldots, m)$ irgendeine umkehrbar eindeutige Selbstabbildung von $\mathfrak{B}$, bei der die Randpunkte von $\mathfrak{B}$ einzeln in sich abgebildet werden, so daß auf dem Rand von $\mathfrak{B}$ $t_\alpha = \hat{g}_\alpha(t_\beta)$ ist. Die $\hat{g}_\alpha$ seien über $\mathfrak{B}$ stetige und stückweise stetig differenzierbare Funktionen, welche die Bedingung $\dfrac{\partial(\hat{g}_1, \ldots, \hat{g}_m)}{\partial(t_1, \ldots, t_m)} > 0$ erfüllen.

Führen wir die Bezeichnung ein: $x_i = \tau_i$ für $i = 1, \ldots, n-1$ und $x_n = \zeta$, so ist offensichtlich

$$\zeta_{\tau_\beta} = \frac{\partial(\tau_1, \ldots, \tau_{\beta-1}, \zeta, \tau_{\beta+1}, \ldots, \tau_m)}{\partial(\tau_1, \ldots, \tau_m)} = \frac{\partial(x_1, \ldots, x_{\beta-1}, x_n, x_{\beta+1}, \ldots, x_m)}{\partial(\tau_1, \ldots, \tau_m)}$$

und mit der Abkürzung

$$p_n = \frac{\partial(x_1, \ldots, x_m)}{\partial(t_1, \ldots, t_m)}, \quad p_\beta = \frac{\partial(x_1, \ldots, x_{\beta-1}, x_n, x_{\beta+1}, \ldots, x_m)}{\partial(t_1, \ldots, t_m)}$$

schließlich $\zeta_{\tau_\beta} = p_\beta/p_n$ für $\beta = 1, \ldots, m$. Das zu (79') zugehörige Variationsproblem in Parametergestalt lautet somit

$$\int\limits_{\mathfrak{B}} \left\{ \frac{1}{2} \left[A(x_\beta)\, x_n^2 + 2 B_\alpha(x_\beta)\, x_n \frac{p_\alpha}{p_n} + C_{\alpha\gamma}(x_\beta) \frac{p_\alpha}{p_n} \frac{p_\gamma}{p_n} \right] + 1 \right\} p_n\, dt_1 \ldots dt_m \to \text{Min} \tag{80}$$

für alle stetigen und stückweise stetig differenzierbaren Funktionen $x_i = \hat{g}_i(t_\alpha) \equiv x_i(t_\alpha)$ $(i = 1, \ldots, n)$, die auf dem Rand von $\mathfrak{B}$ die Bedingungen $t_\alpha = \hat{g}_\alpha(t_\beta)$ für $\alpha = 1, \ldots, m$ und $\hat{g}_n = 0$ erfüllen.

Wir bezeichnen die Grundfunktion des Problems (80) mit $f(x_j, p_j)$; sie genügt der Bedingung (3), wenn wir von nun ab A, B_α und $C_{\alpha\gamma}$ als fünfmal stetig differenzierbar über $\mathfrak{B}$ voraussetzen[1]). Auch (2) und (4) sind erfüllt, sofern wir uns auf solche Funktionen $\hat{g}_i(t_\alpha)$ beschränken, für die die Beträge von x_n und p_α/p_n $(\alpha = 1, \ldots, n-1)$ hinreichend klein sind. Forderung (7) ist trivialerweise wegen $m = n-1$ von selbst erfüllt.

Der Darstellung von $f(x_j, p_j)$ zufolge ist in $\mathfrak{B}$

$$x_i = e_i(t_\alpha) \equiv t_i \quad (i = 1, \ldots, n-1), \quad x_n = e_n(t_\alpha) \equiv 0 \tag{81}$$

eine Lösung der Eulerschen Differentialgleichungen (10), die der trivialen Nullösung zum Problem (79) entspricht. Für die Lösung (81) ist $p_\alpha \equiv 0$ $(\alpha = 1, \ldots, n-1)$ und $p_n = 0$, also ist auf ihr gleichzeitig die Bedingung (41) erfüllt. Die Forderung, daß die Lösung (81) über $\mathfrak{B}$ nur positive reguläre Flächenelemente (im Sinne von (11)) besitzt, wird durch die Bedingung — die wir in Zukunft voraussetzen —

$$C_{ij}\,\sigma_i\,\sigma_j > 0 \quad \text{für} \quad \sigma_k\,\sigma_k \neq 0 \tag{82}$$

ausgedrückt.

Schließlich machen wir noch die Annahme, daß $\mathfrak{B}$ vom Typ (42) ist (oder von der am Schlusse von § 3 dargelegten Art).

Unter diesen formulierten Voraussetzungen läßt sich nun zum Variationsproblem (80) mit der Extremalen (81) die in § 1 bis § 3 entwickelte Theorie anwenden. Danach führen wir zunächst die Legendresche Transformation (12) durch:

$$\begin{aligned} P_\alpha &= f \cdot \left(B_\alpha x_n + C_{\alpha j}\,\frac{p_j}{p_n}\right) \qquad \text{für} \quad \alpha = 1, \ldots, n-1, \\ P_n &= f\left(1 - \frac{1}{2}\,C_{kj}\,\frac{p_j p_k}{p_n^2} + \frac{1}{2}\,A\,x_n^2\right) \; j, k = 1, \ldots, n-1, \end{aligned} \tag{83}$$

woraus sich die Auflösung $p_k = \varphi_k^*(x, P)$ und $p_n = \varphi_n^*(x, P)$ ergibt und daraus $F(x, P) = f(x, \varphi^*)$. Die explizite algebraische Darstellung dieser Funktionen φ_k^*, φ_n^* und F — und darauf aufbauend $\dfrac{\partial F}{\partial P_i} \equiv F_i$ — ist aber ziemlich kompliziert. Um so bedeutsamer ist deshalb die Feststellung, daß die für die Bestimmung der Funktionen φ_k^*, φ_n^* (zu geeignet vorgegebenen Funktionen $S_{\alpha'}^0(x)$ im Sinne von § 3a, b)) so

---

[1]) Und entsprechend (42′) darüber hinaus auch noch in einem $\mathfrak{B}$ umfassenden Bereich $\mathfrak{B}_0$.

wichtigen kanonischen Differentialgleichungen (48a) und (48b) wegen der Zusatzbedingung $H(x, y) = 1$ längs ihrer Lösungen und $H = F = f$ nur auf der Mannigfaltigkeit $f(x, p) = 1$ aufzustellen sind. Auf dieser läßt sich aber (83) leicht auflösen. Ist $(\overline{C}_{kj})$ die inverse Matrix zu (C_{kj}), so erhalten wir auf $f(x, p) = 1$

$$\frac{p_k}{p_n} = P_j \overline{C}_{jk} - B_j \overline{C}_{jk} x_n \qquad (j, k = 1, \ldots, n-1)$$

und nach (12a) wegen $P_j p_j + P_n p_n = f \cdot F = 1$

$$\frac{1}{p_n} = P_n + P_i (P_j \overline{C}_{ji} - B_j \overline{C}_{ji} x_n).$$

Auf $f = F = 1$ ist damit $p_k = F_{P_k}(x, P) \equiv F_k$, $p_n = F_{P_n}(x, P) \equiv F_n$, also

$$\begin{aligned} p_k &= \left[P_j \overline{C}_{jk} - B_j \overline{C}_{jk} x_n\right] \cdot \left[P_n + P_i\left(P_j \overline{C}_{ji} - B_j C_{ji} x_n\right)\right]^{-1} \equiv F_k, \\ p_n &= \left[P_n + P_i\left(P_j \overline{C}_{ji} - B_j \overline{C}_{ji} x_n\right)\right]^{-1} \equiv F_n \end{aligned} \tag{84}$$

$$\text{für} \quad k = 1, \ldots, n-1.$$

An zweiter Stelle berechnen wir mittels der Gleichungen (44) die Werte der ersten bzw. zweiten Ableitungen von $U_\varrho(x)$ zu (54) — wegen $n-m = 1$ kurz $U(x)$ genannt — und von $S^0_{\alpha'}(x)$ zu (45') $(\alpha' = 2, \ldots, m)$ auf der Fläche (81), die wir abkürzend mit E kennzeichnen. Nach (43) ist in unserer jetzigen Bezeichnung $q_i = f_{p_i}(e_j, p_j^0)$ für $i = 1, \ldots, n$ und nach (12a) und (83)

$$q_i = \delta_{in} \quad \text{für} \quad i = 1, \ldots, n. \tag{85}$$

Setzen wir in (44) für $r_{\varrho\sigma_i}$ wegen $n-m = 1$ kurz r_i, so ergeben sich aus diesen Gleichungen mit den Funktionen $U(x)$ und $S^0_\alpha(x)$ die Identitäten

$$x_i \equiv e_i\left(S^0_\alpha(x)\right) + q_i\left(S^0_\alpha(x)\right) U(x) + \frac{1}{2} r_i\, U^2(x)$$

und durch Differentiation nach x_j auf E:

$$\delta_{ij} = \frac{\partial e_i}{\partial t_\alpha} S^0_{\alpha j} + q_i \frac{\partial U}{\partial x_j} \qquad \text{für} \qquad i, j, = 1, \ldots, n.$$

Nach (85) und (81) folgt daraus auf E

$$\frac{\partial U}{\partial x_j} = \delta_{nj}, \quad S^0_{\alpha j} = \delta_{\alpha j} \quad \text{für} \quad \begin{matrix} \alpha = 1, \ldots, m, \\ j = 1, \ldots, n. \end{matrix} \tag{86}$$

Durch zweimalige Differentiatien der obigen Identitäten ergibt sich auf E weiterhin

$$\frac{\partial^2 S^0_\alpha}{\partial x_j \, \partial x_i} = - \delta_{nj} \delta_{ni} r_\alpha(t_\beta) \quad \text{für} \quad \begin{matrix} \alpha = 1, \ldots, m, \\ j, i = 1, \ldots, n. \end{matrix} \tag{87}$$

Nun stellen wir für unser spezielles Problem das System erweiterter Jacobischer Differentialgleichungen von (65) auf. Dabei beachten wir, daß sich dieses System — zunächst für $\mu = 1$ — gemäß seiner Definition direkt aus den kanonischen Differentialgleichungen (48a) und (48b) ergibt, wenn wir für irgendeine einparametrige Lösungsschar dieses Differentialgleichungssystems $x_i = \varphi_i(t_1; c)$, $y_i = \psi_i(t_1, c)$ $(i = 1, \ldots, n)$ (längs der wir ohne uns einzuschränken $H(\varphi, \psi) \equiv 1$ voraussetzen können[1])) die zugehörigen Identitäten

$$\frac{\partial \varphi_i}{\partial t_1} \equiv H_{y_i}(\varphi, \psi) \quad \text{und} \quad \frac{\partial \psi_i}{\partial t_1} \equiv - H_{x_i}(\varphi, \psi)$$

nach c differenzieren und $\left.\frac{\partial \varphi_j}{\partial c}\right|_{c=0} = \xi_j$, $\left.\frac{\partial \psi_j}{\partial c}\right|_{c=0} = \eta_j$ setzen.

Es genügt also zur Aufstellung der Jacobischen Differentialgleichungen, wenn man explizit die Funktionen H_{y_i} und H_{x_i} lediglich auf der (x, y)-Mannigfaltigkeit kennt für die $H(x, y) = 1$ ist; das haben wir aber gerade mit (84) erreicht, wenn wir die Erklärung von H_{y_i} und H_{x_i} nach (48a) und (48b) berücksichtigen. (48a) und (48b) nehmen für $F\left(x, \frac{\partial s_{(i)}}{\partial S_{1j}} y_j\right) = H(x, y) = 1$ wegen $F_{x_i} = - f_{x_i}$ (vgl. S. 13) in unserem Spezialfall dann die Gestalt an

$$\dot{x}_k = H_{y_k} \equiv F_i(x, P) \frac{\partial s_i}{\partial S^0_{1k}}, \tag{88a}$$

$$\dot{y}_k = - H_{x_k} \equiv f_{x_k}(x, F_j(x\ p)) - F_l(x, P) \frac{\partial}{\partial x_k} \left(\frac{\partial s_l}{\partial S^0_{1\varrho}} \right) y_\varrho \tag{88b}$$

$$\text{für} \quad k = 1, \ldots, n$$

---

[1]) Denn ist $H(\varphi, \psi) = 1$ in *einem* Punkte t_1^0 für φ_i und ψ_i erfüllt (wir können ja so die Anfangsbedingungen für φ_i und ψ_i festlegen), so gemäß der Charakteristikentheorie auch für alle t_1.

mit

$$s_i = \frac{\partial(S_1^0, \ldots, S_{n-1}^0)}{\partial(x_1, \ldots, x_{i-1}, x_n, x_{i+1}, \ldots, x_{n-1})} \quad \text{für} \quad i = 1, \ldots, m,$$

$$s_n = \frac{\partial(S_1^0, \ldots, S_{n-1}^0)}{\partial(x_1, \ldots, x_{n-1})} \quad \text{und} \quad P_j = \frac{\partial s_j}{\partial S_{1\varrho}^0} y_\varrho,$$

wobei man sich für $F_l(x, P)$ $(l = 1, \ldots, n)$ die Ausdrücke von (84) eingesetzt zu denken hat. Fassen wir schließlich in (88a) und (88b) x_i und y_i als Funktionen $\varphi_i(t_1, c)$ bzw. $\psi_i(t_1, c)$ in Abhängigkeit des Parameters c auf, mit $\varphi_i(t_1, 0) = e_i(t_1; t_{\alpha'})$ und $\psi_i(t_1, 0) = \frac{\partial S_1^0}{\partial x_i}(e_j)$ $(i = 1, \ldots, n)$, so erhalten wir im Sinne der obigen Erläuterungen durch Differentiation von (88a) und (88b) nach c an der Stelle $c = 0$ die Jacobischen Differentialgleichungen zunächst in der Form

$$\dot{\xi}_k = \left(F_{ix_\sigma} \frac{\partial s_i}{\partial S_{1k}^0} + F_{ij} \frac{\partial^2 s_j}{\partial S_{1l}^0 \, \partial S_{\beta\varrho}^0} S_{1l}^0 \frac{\partial (S_{\beta\varrho}^0)}{\partial x_\sigma} \cdot \frac{\partial s_i}{\partial S_{1k}^0} + F_i \frac{\partial}{\partial x_\sigma} \left(\frac{\partial s_i}{\partial S_{1k}^0} \right) \right) \xi_\sigma$$
$$+ \left(F_{ij} \frac{\partial s_j}{\partial S_{1l}^0} \frac{\partial s_i}{\partial S_{1k}^0} \right) \eta_l \qquad \left(F_{ij} = \frac{\partial F_i}{\partial P_j} \right) \tag{89a}$$

und[1])

$$\dot{\eta}_k = \left[- F_{x_k x_\sigma} - F_{jx_k} \frac{\partial^2 s_j}{\partial S_{1l}^0 \, \partial S_{\beta\varrho}^0} S_{1l}^0 \frac{\partial (S_{\beta\varrho}^0)}{\partial x_\sigma} - F_l \cdot \frac{\partial^2}{\partial x_k \, \partial x_\sigma} \left(\frac{\partial s_l}{\partial S_{1\varrho}} \right) S_{1\varrho} \right.$$
$$\left. + \left(- F_{lx_\sigma} - F_{lj} \frac{\partial^2 s_j}{\partial S_{1\mu}^0 \, \partial S_{\beta\varrho}^0} S_{1\mu}^0 \frac{\partial (S_{\beta\varrho}^0)}{\partial x_\sigma} \right) \cdot \frac{\partial}{\partial x_k} \left(\frac{\partial s_l}{\partial S_{1\nu}^0} \right) S_{1\nu}^0 \right] \xi_\sigma$$
$$- \left[F_{jx_k} \frac{\partial s_j}{\partial S_{1\sigma}^0} + F_l \frac{\partial}{\partial x_k} \left(\frac{\partial s_l}{\partial S_{1\sigma}^0} \right) + F_{lj} \frac{\partial s_j}{\partial S_{1\sigma}^0} \cdot \frac{\partial}{\partial x_\alpha} \left(\frac{\partial s_l}{\partial S_{1\varrho}^0} \right) S_{1\varrho}^0 \right] \eta_\sigma . \tag{89b}$$

Zur Vereinfachung dieser Gleichungen leiten wir einige Hilfsrelationen ab. Offensichtlich ist im Anschluß an (88a) und (88b)

---

[1]) Man beachte hierbei, daß aus der Identität $F_{x_i} \equiv - f_{x_i}(x, F(x, P)\, F_j(x, P))$ die Relationen folgen:

$$\left. \begin{aligned} F_{x_i x_\sigma} &= - f_{x_i x_\sigma} - f_{x_i p_j} (F_{j x_\sigma} F + F_{x_\sigma} F_j) \\ F_{\sigma x_i} &= - f_{x_i p_j} (F F_{j\sigma} + F_\sigma F_j) \end{aligned} \right\} \quad \text{mit } f_{x_i p_j} F_j = f_{x_i p_j} p_j = f_{x_i} = 0 \text{ auf } E.$$

gemäß der dort gegebenen Erklärung der s_i und (86) auf E

$$s_i = 0\,, \quad s_n = 1\,, \quad \frac{\partial s_i}{\partial S^0_{\alpha l}} = \delta_{\alpha i}\delta_{ln}\,, \quad \frac{\partial s_n}{\partial S^0_{\alpha l}} = \delta_{\alpha l} \tag{90}$$

$$\text{für} \quad \alpha, i = 1, \ldots, n-1\,; \quad l = 1, \ldots, n\,.$$

Behauptung: Auf E ist

$$\begin{aligned} &\frac{\partial^2 s_i}{\partial S^0_{1l}\,\partial S^0_{\beta\varrho}}\, S^0_{1l} = \delta_{n\varrho}(\delta_{i\beta} - \delta_{1i}\delta_{1\beta}) \\ &\frac{\partial^2 s_n}{\partial S^0_{1l}\,\partial S^0_{\beta\varrho}}\, S^0_{1l} = \delta_{\beta\varrho} - \delta_{1\beta}\delta_{1\varrho} \end{aligned} \tag{91}$$

für $i, \beta = 1, \ldots, n-1$; $\varrho = 1, \ldots, n$, wobei über l von 1 bis n summiert wird.

Beweis: Wegen der Homogenität der s_i bzgl. $S^0_{\alpha l}$ bei festgehaltenem α gilt die Identität $s_i = \frac{\partial s_i}{\partial S^0_{1l}} S^0_{1l}$. Durch Differentiation nach $S^0_{\beta\varrho}$ folgt daraus

$$\frac{\partial s_i}{\partial S^0_{\beta\varrho}} = \frac{\partial^2 s_i}{\partial S^0_{1l}\,\partial S^0_{\beta\varrho}}\, S^0_{1l} + \frac{\partial s_i}{\partial S^0_{1l}}\,\delta_{1\beta}\delta_{l\varrho}\,,$$

also auf E nach (90)

$$\text{für } i = 1, \ldots, m\colon \quad \delta_{\beta i}\delta_{\varrho n} = \frac{\partial^2 s_i}{\partial S^0_{1l}\,\partial S^0_{\beta\varrho}}\, S^0_{1l} + \delta_{i1}\delta_{ln}\delta_{1\beta}\delta_{l\varrho}$$

$$\text{bzw. für } i = n\colon \quad \delta_{\beta\varrho} = \frac{\partial^2 s_n}{\partial S^0_{1l}\,\partial S^0_{\beta\varrho}}\, S^0_{1l} + \delta_{1l}\delta_{1\beta}\delta_{l\varrho}\,,$$

und diese Ergebnisse sind wegen $\delta_{ln}\,\delta_{l\varrho} = \delta_{n\sigma}$ gerade Inhalt der Behauptung (91), q. e. d..

Nach der Erklärung von $f(x_j, p_j)$ (vgl. S. 58) ist zu den Flächenelementen von E

$$f_{x_i} = 0\,, \quad f_{x_i x_\sigma} = \delta_{in}\,\delta_{\sigma n}\,A\,, \quad f_{x_i p_j} = \delta_{in}\,B_j\,, \quad f_{x_i p_n} = 0$$

$$\text{für} \quad i, \sigma = 1 \ldots, n; \quad j = 1, \ldots, n-1\,.$$

Daraus erhalten wir unter Berücksichtigung der Fußnote von S. 61 für die Argumente $x_i = e_i(t_\alpha)$, $P_i = s_i(e_j)$ die Relationen

$$F_{x_\sigma} = 0, \quad F_{ix_\sigma} = -\delta_{n\sigma} B_j \overline{C}_{ji}, \quad F_{nx_\sigma} = 0 \tag{92a}$$

$$(i = 1, \ldots, n-1; \quad \sigma = 1, \ldots, n).$$

Aus (84) folgt für die gleichen Argumente: $F_i = 0$, $F_n = 1$,

$$F_{ij} = \overline{C}_{ij}, \quad F_{in} = 0, \quad F_{nn} = -1 \tag{92b}$$

$$(i = 1, \ldots, n-1).$$

Unter Benutzung der Hilfsformeln (90), (87), (86), (91) und (92a, b) reduzieren sich die Jacobischen Differentialgleichungen (89a) und (89b) auf die Gestalt

$$\dot{\xi}_k = \delta_{kn} \left\{ \left[-B_j \overline{C}_{j1} - \sum_{\beta=2}^{n-1} \overline{C}_{\beta 1} r_\beta \right] \delta_{n\sigma} \xi_\sigma + \overline{C}_{11} \delta_{n\sigma} \eta_\sigma \right\} - \delta_{1k} \delta_{1\sigma} \eta_\sigma, \tag{93a}$$

$$\dot{\eta}_k = \delta_{kn} \left\{ \left[A - \overline{C}_{hj} B_h B_j - 2 \sum_{\beta=2}^{n-1} B_l \overline{C}_{l\beta} r_\beta + \sum_{\beta=2}^{n-1} \frac{\partial r_\beta}{\partial t_\beta} \right. \right.$$
$$\left. \left. - \sum_{\beta,\gamma=2}^{n-1} \overline{C}_{\beta j} r_\beta r_\gamma \right] \xi_\sigma \delta_{n\sigma} + \left[B_j \overline{C}_{j1} + \sum_{\beta=2}^{n-1} \overline{C}_{\beta 1} r_\beta \right] \delta_{n\sigma} \eta_\sigma \right\}, \tag{93b}$$

wobei über j, l, h von 1 bis m summiert wird und über σ von 1 bis n; $k = 1, 2, \ldots, n$.

Das zugehörige erweiterte System Jacobischer Differentialgleichungen im Sinne von (65) wird dann durch die Gleichungen (93a) und (93b) gegeben, wobei in (93b) ξ_σ durch $\mu \xi_\sigma$ zu ersetzen ist. Besonders beachtenswert ist dabei, daß für dieses System das Eigenwertproblem (65) nur solche Eigenfunktionen (im Sinne einer Vektorfunktion) $(\xi_1, \ldots, \xi_n; \eta_1, \ldots, \eta_n)$ besitzt, die die Bedingung erfüllen $\xi_k \equiv 0$, $\eta_k = \text{const}$ (insbes. $\eta_1 \equiv 0$) mit $k = 1, \ldots, n-1$.

Man hat also nur noch das Eigenwertproblem zu betrachten:

$$\dot{\xi}_n = \left(-B_j \overline{C}_{j1} - \sum_{\beta=2}^{n-1} \overline{C}_{\beta 1} r_\beta \right) \xi_n + \overline{C}_{11} \eta_n \tag{94}$$

$$\dot{\eta}_n = \mu \left(A - \overline{C}_{hj} B_h B_j - 2 \sum_{\beta=2}^{n-1} B_l \overline{C}_{l\beta} r_\beta + \sum_{\beta=2}^{n-1} \frac{\partial r_\beta}{\partial t_\beta} - \sum_{\beta,\gamma=2}^{n-1} \overline{C}_{\beta\gamma} r_\beta r_\gamma \right) \xi_n$$
$$+ \left(B_j \overline{C}_{j1} + \sum_{\beta=2}^{n-1} \overline{C}_{\beta 1} r_\beta \right) \eta_n$$

mit den Randbedingungen $\xi_n = 0$ für $t_1 = 0$ und $t_1 = \gamma(t_{\alpha'})$ ($t_{\alpha'}$ = const, $(t_{\alpha'}) \in \mathfrak{K}$).

(Faßt man das hier zugrunde gelegte Variationsproblem (79) darüber hinaus so auf, das das zugehörige Integral die zweite Variation eines Problems vom Typ (1) (für $n = m + 1$) darstellt, so erfährt nach den Bemerkungen von S. 56 das Eigenwertproblem (94) eine weitere Vereinfachung wegen $B_j \equiv 0$).

Nach (77) können wir folglich den Satz formulieren:

(95)

Zu dem Variationsproblem (80) läßt sich die durch $x_i = t_i$ $(i = 1, \ldots, n-1)$, $x_n \equiv 0$ für $(t_{\alpha'}) \in \mathfrak{K}$ und $0 \leqq t_1 \leqq \gamma(t_{\alpha'})$ dargestellte Fläche E_γ im (x_j)-Raum genau dann in ein geodätisches Feld mit dreimal stetig differenzierbaren Funktionen $S_\alpha(x)$ $(\alpha = 1, \ldots, m)$ einbetten, wenn das Eigenwertproblem (94) für mindestens ein System von $n-2$ stetig differenzierbaren Funktionen $r_\beta (\beta = 2, \ldots, n-1)$ über $\mathfrak{B}_\gamma$ einen positiven kleinsten normalen Eigenwert $\mu_1(t_{\alpha'})$ besitzt, der für alle Parameterwerte aus $\mathfrak{K}$ größer als Eins ist. E_γ stellt dann eine schwache Extremale (Minimale) zum Variationsproblem (80) bzw. (79) dar.

Für die nachfolgenden Untersuchungen nehmen wir von nun an eine Spezialisierung vor, indem wir voraussetzen, daß $B_j \equiv 0$ über $\mathfrak{B}_\gamma$ ist und daß die Funktionen $C_{\alpha\gamma}$ $(\alpha, \gamma = 1, \ldots, n-1)$ die Gestalt haben: $C_{\alpha\gamma} = \delta_{\alpha\gamma} D(t_\beta)$.[1]) Die Differentialgleichungen von (94) lauten dann

$$\dot{\xi}_n = \overline{C}_{11}\eta_n,$$
$$\dot{\eta}_n = \mu\left(A + \sum_{\beta=2}^{n-1}\frac{\partial r_\beta}{\partial t_\beta} - \sum_{\beta=2}^{n-1}\overline{C}_{11} r_\beta^2\right)\xi_n, \tag{96}$$

wobei $\overline{C}_{11} = 1/D$ ist. Bei festgehaltenen Parametern $t_{\alpha'}$ $(\alpha' = 2, \ldots, m)$ mit $(t_{\alpha'}) \in \mathfrak{K}$ ist das System (96) äquivalent der einen gewöhnlichen Differentialgleichung zweiter Ordnung

$$\frac{d(D\dot{\xi}_n)}{dt_1} = \mu\left(A + \sum_{\beta=2}^{n-1}\left[\frac{\partial r_\beta}{\partial t_\beta} - \overline{C}_{11} r_\beta^2\right]\right)\xi_n, \tag{96'}$$

[1]) Man beachte insbesondere, daß im Falle $n = 3$, $m = 2$ diese Bedingungen für das Studium des akzessorischen Variationsproblems (d. h., der zweiten Variation) zu einem beliebigen Variationsproblem vom Typ (1) *keine* Einschränkung darstellen, da hier die zweite Variation stets auf eine unseren Voraussetzungen genügende Normalform transformiert werden kann.

wie man unmittelbar erkennt, wenn man die erste Differentialgleichung von (96) in die zweite einsetzt und beachtet, daß sämtliche Lösungen von (96) auf Grund unserer Voraussetzungen über $C_{\alpha\gamma}$ mindestens zweimal stetig differenzierbar (nach t_1) sind. Ist nun $\xi_n = \xi(t_1; t_{\alpha'})$ (mit $t_{\alpha'}$ als Sammelbezeichnung für die Parameter $t_2, \ldots, t_m$) für sämtliche $(t_{\alpha'})$ aus $\mathfrak{K}$ und $0 \leqq t_1 \leqq \gamma(t_{\alpha'})$ eine von den $m-1$ Parametern $(t_{\alpha'})$ abhängige Lösung von (96) — μ kann dabei auch zunächst irgendeine von den Parametern $t_2, \ldots, t_m$ abhängige Funktion $\mu(t_{\alpha'})$ sein —, so gilt nach (96′)

$$\frac{\partial(D\xi_{t_1})}{\partial t_1} = \mu\left(A + \sum_{\beta=2}^{n-1}{}' \left[\frac{\partial r_\beta}{\partial t_\beta} - \overline{C}_{11} r_\beta^2\right]\right)\xi. \tag{97}$$

Wir bezeichnen vorübergehend die eckigen Klammerausdrücke von (97) mit $Q_\beta (\beta = 2, \ldots, m)$ und setzen

$$z^{(\beta)} = \exp\left(-\int \overline{C}_{11} r_\beta dt_\beta\right) \text{ (wobei hier \textit{nicht} über } \beta \text{ summiert wird!).} \tag{97′}$$

Nach leichter Rechnung (vgl. etwa [15], S. 41) ergibt sich daraus

$$\overline{C}_{11} z^{(\beta)}_{t_\beta t_\beta} - \left(\frac{\partial \overline{C}_{11}}{\partial t_\beta}\right) z^{(\beta)}_{t_\beta} + \overline{C}_{11}^2 Q_\beta z^{(\beta)} = 0,$$

also

$$Q_\beta = -D\frac{z^{(\beta)}_{t_\beta t_\beta}}{z^{(\beta)}} + \left(\frac{\partial \overline{C}_{11}}{\partial t_\beta}\right)\cdot\frac{1}{\overline{C}_{11}^2}\cdot\frac{z^{(\beta)}_{t_\beta}}{z^{(\beta)}} = -D\frac{z^{(\beta)}_{t_\beta t_\beta}}{z^{(\beta)}} - D_{t_\beta}\frac{z^{(\beta)}_{t_\beta}}{z^{(\beta)}}.$$

Wir drücken in (97) die Q_β durch die rechten Seiten der soeben abgeleiteten Gleichungen aus; man erhält so nach Multiplikation mit $\prod_{\beta=2}^{m} z^{(\beta)}$ den Ausdruck

$$\prod_{\beta=2}^{m} z^{(\beta)} \frac{\partial(D\xi_{t_1})}{\partial t_1} = \mu\left(A\xi \prod_{\beta=2}^{m} z^{(\beta)} - \sum_{\beta=2}^{m} \frac{\partial\left(D z^{(\beta)}_{t_\beta}\right)}{\partial t_\beta}\xi \prod_{\substack{\lambda=2\\ \lambda\neq\beta}}^{m} z^{(\lambda)}\right). \tag{98}$$

Hat man umgekehrt eine von den $m-1$ Parametern $t_2, \ldots, t_m$ abhängige Lösung der *gewöhnlichen* Differentialgleichung zweiter Ordnung (98) — wir bezeichnen diese Lösung wiederum mit $\xi = \xi(t_1; t_{\alpha'})$ (die $t_{\alpha'}$ sind Parameter, t_1 ist variabel) — für $(t_{\alpha'}) \in \mathfrak{K}$, $0 \leqq t_1 \leqq \gamma(t_{\alpha'})$, wobei die $z^{(\beta)}$ irgendwelche zweimal stetig differenzierbare Funktionen von $t_1, t_2, \ldots, t_m$ über $\mathfrak{B}_\gamma$ sind, die in diesem Bereich stets *ungleich Null* sind, so genügt $\xi(t_1; t_{\alpha'})$ auch einer Differentialgleichung vom

Typ (97) bzw. (96'). Die zugehörigen Funktionen $r_\beta(t_\alpha)$ und deren erste Ableitungen bestimmen sich aus den Funktionen $z^{(\beta)}$ mittels (97') in eindeutiger Weise (vgl. nochmals [15], S. 41). D. h.:

(99)

Die von den $m-1$ Parametern $t_2, t_3, \ldots, t_m$ (mit $t_{\alpha'}) \in \mathfrak{K}$) abhängigen gewöhnlichen Differentialgleichungen zweiter Ordnung (97) und (98) sind für zweimal stetig differenzierbare Funktionen $z^{(\beta)}(t_\alpha)$ mit $z^{(\beta)} \neq 0$ $(\beta = 2, \ldots, m)$ in $\mathfrak{B}_\gamma$ über $\mathfrak{B}_{\gamma'}$ äquivalent; sie gehen mittels der Transformation (97') auseinander hervor.

Eine recht bemerkenswerte Deutung kann man darüber hinaus im Falle $\mu = 1$ der Differentialgleichung (98) geben. Dazu beachten wir, daß die Eulersche Differentialgleichung zum inhomogenen Variationsproblem (79) (unter Berücksichtigung unserer speziellen Voraussetzungen über $C_{\alpha\gamma}$ und B_j)

$$\sum_{\alpha=1}^{m} \frac{\partial(D\,\zeta_{t_\alpha})}{\partial t_\alpha} - A\,\zeta = 0 \tag{100}$$

lautet, wenn wir formal die τ_α durch t_α ersetzen.

Offensichtlich gilt dann die Aussage:

(101)

Die Differentialgleichung (98) für $\mu = 1$ geht aus der Eulerschen Differentialgleichung (100) formal durch den Produktansatz $\zeta = \xi \prod_{\beta=2}^{m} z^{(\beta)}$ hervor, wenn wir ξ lediglich als Funktion von t_1 und $z^{(\beta)}$ entsprechend nur als Funktion von t_β $(\beta = 2, \ldots, m)$ betrachten.

Mit diesem Theorem ist uns eine einfache Methode gegeben zur Darstellung der Gleichung (98).

Aber noch eine weitere Beziehung können wir unmittelbar einem Vergleich von (100) mit (98) entnehmen:

(102)

Besitzt die Differentialgleichung (100) eine Lösung

$$\zeta = \zeta\,(t_1, t_2, \ldots, t_m)$$

über dem Bereich $\mathfrak{B}_{\gamma'}$, welche in keinem Punkte von $\mathfrak{B}_\gamma$ gleich Null ist, so stellt die Funktion $\xi = \zeta(t_1, t_2, \ldots, t_m)$ (wobei die Größen $t_2, \ldots, t_m$ jetzt als Parameter aufgefaßt werden) eine Lösung der gewöhnlichen Differentialgleichung (98) für $\mu \equiv 1$ und Funktionen $z^{(\beta)} = \zeta(t_1, \ldots, t_m)$ $(\beta = 2, \ldots, m)$ dar.

Zum Beweise dieser Tatsache brauchen wir lediglich in (98) $\xi = \zeta$ und $z^{(\beta)} = \zeta\,(\beta = 2, \ldots, m)$ zu setzen und durch ζ^{m-1} zu dividieren.

Als Folge eines allgemeinen Resultats von C. Carathéodory über Felder von Extremalen (vgl. [7], S. 426 und [2], S. 202) gilt in unserem Falle:

(103)

Existiert über dem Bereich $\mathfrak{B}_\gamma$ eine Lösung der Eulerschen Differentialgleichung (100) — und damit, durch Multiplikation dieser Lösung mit einem Parameter, eine Lösungsschar —, die in $\mathfrak{B}_\gamma$ ungleich Null ist, so läßt sich E_γ in ein geodätisches Feld einbetten und E_γ ist damit eine Minimale.[1]

Ist die Lösung darüber hinaus in $\mathfrak{B}_\gamma$ viermal stetig differenzierbar, so sind die zum geodätischen Feld zugehörigen Funktionen $S_\alpha(x)$ $(\alpha = 1, \ldots, m)$ in einer gewissen Umgebung von E_γ dreimal stetig differenzierbar.

Schließlich sei noch an das bekannte Theorem erinnert:

(104)

Existiert über dem Bereich $\mathfrak{B}_\gamma$ (oder einem Teilbereich $\mathfrak{B}^*_\gamma$ desselben) eine nichttriviale Lösung der Eulerschen Differentialgleichung (100), die im Innern von $\mathfrak{B}_\gamma$ (bzw. $\mathfrak{B}^*_\gamma$) zweimal stetig differenzierbar ist und auf dem Rande von $\mathfrak{B}_\gamma$ (bzw. $\mathfrak{B}^*_\gamma$) den Wert Null stetig annimmt, so ist E_γ keine Minimale des Variationsproblems (79) bzw. (80), also existiert nach (95) auch kein geodätisches Feld zu E_γ.

Diese Resultate (103) und (104) gestatten uns, für Variationsprobleme vom Typ (80) (und damit auch (79)) die Aussage (76) zu verschärfen, indem wir zeigen:

(105)

Es gibt zu E_γ auch kein geodätisches Feld mit *zweimal* stetig differenzierbaren Funktionen $S_\alpha(x)$ $(\alpha = 1, \ldots, m)$, wenn das Eigenwertproblem (94) für sämtliche Systeme von stetig differenzierbaren Funktionen $r_\beta(t_\alpha)$ über $\mathfrak{B}_\gamma$ keinen kleinsten positiven normalen Eigenwert $\mu_1(t_{\alpha'})$ hat, der für alle Punkte $(t_{\alpha'})$ aus $\mathfrak{K}$ größer als Eins ist.

Zum Beweise dieser Aussage erinnern wir an die Voraussetzung von Seite 58, daß die Funktionen A, B_α und $C_{\alpha\gamma}$ nicht nur in $\mathfrak{B}_\gamma$ erklärt sind, sondern darüber hinaus in einem Bereich $\mathfrak{B}_0$, der $\mathfrak{B}_\gamma$ ganz in seinem Inneren enthält; außerdem sind A, B_α und $C_{\alpha\gamma}$ in $\mathfrak{B}_0$ fünf-

[1]) Diese Aussage, unter Umgehung des Begriffs des geodätischen Feldes, wird auch bereits mit den Untersuchungen von Clebsch (vgl. [9]) gegeben.

mal stetig differenzierbar. Existierte nun zu E_γ ein geodätisches Feld mit zweimal stetig differenzierbaren Funktionen $S_\alpha^*(x)$ $(\alpha = 1, \ldots, m)$, obwohl im Sinne von (105) zu $\mu_1(t_{\alpha'})$ stets Punkte $(t_{\alpha'})$ aus $\mathfrak{K}$ angegeben werden können, so daß für diese $\mu_1(t_{\alpha'}) \leqq 1$ ist, so würde nach (20) E_γ eine (schwache) Minimale sein. Nach (104) kann aber dann keine nichttriviale Lösung der Eulerschen Differentialgleichung existieren für den Bereich $\mathfrak{B}_\gamma$ (oder einem Teilbereich desselben) auf dessen Rand sie gleich Null ist. Nach der Theorie linearer partieller elliptischer selbstadjungierter Differentialgleichungen zweiter Ordnung und deren erstes Randwertproblem gibt es dann zu $\mathfrak{B}_\gamma$ stets einen Bereich $\hat{\mathfrak{B}}$ aus $\mathfrak{B}_0$, der $\mathfrak{B}_\gamma$ ganz in seinem Inneren enthält, so daß für diesen das homogene erste Randwertproblem bzgl. unserer Eulerschen Differentialgleichung auch keine nichttriviale Lösung hat. Das hat zur Folge, daß über $\hat{\mathfrak{B}}$ eine (ja sogar unendlich viele) Lösung der Eulerschen Differentialgleichung existiert, welche in keinem Punkte von $\mathfrak{B}_\gamma$ gleich Null ist, also für den Bereich $\mathfrak{B}_\gamma$ die Voraussetzungen von (103) erfüllt. Nach (103) gibt es dann ein geodätisches Feld zu E_γ mit dreimal stetig differenzierbaren Funktionen $S_\alpha(x)$ $(\alpha = 1, \ldots, m)$. Dieses Ergebnis steht aber nach dem Hauptsatz (77) im Widerspruch zu unserer obigen Voraussetzung über die Eigenwerte $\mu_1(t_{\alpha'})$, q. e. d..

Unter Zusammenfassung der Resultate (95), (99), (104), (102) und (105) ergibt sich für das Variationsproblem (79) bzw. (80) unter der speziellen Voraussetzung $B_j \equiv 0$, $C_{\alpha\gamma} = \delta_{\alpha\gamma} D(t_\beta)$ der

Satz: (106)

Notwendig und hinreichend dafür, daß E_γ in ein geodätisches Feld eingebettet werden kann und eine Minimale ist, ist die Bedingung:

Das Eigenwertproblem

$$\prod_{\beta=2}^{m} z^{(\beta)} \frac{\partial (D \xi_{t_1})}{\partial t_1} = \mu \left(A \xi \prod_{\beta=2}^{m} z^{(\beta)} - \sum_{\beta=2}^{m} \frac{\partial \left(D z_{t_\beta}^{(\beta)} \right)}{\partial t_\beta} \xi \prod_{\substack{\lambda=\beta \\ \lambda \neq 2}}^{m} z^{(\lambda)} \right)$$

zu den Randbedingungen $\xi = 0$ für $t_1 = 0$ und $t_1 = \gamma(t_{\alpha'})$ mit $(t_{\alpha'}) \in \mathfrak{K}$ hat zu mindestens einem System von zweimal stetig differenzierbaren Funktionen $z^{(\beta)}(t_\alpha)$ über $\mathfrak{B}_\gamma$ $(\beta = 2, \ldots, m)$, die in $\mathfrak{B}_\gamma$ ungleich Null sind, stets einen kleinsten positiven Eigenwert $\mu_1(t_{\alpha'}) > 1$ (ganz gleich wie auch $(t_{\alpha'})$ aus $\mathfrak{K}$ gewählt wird). Diese Bedingung ist gleichbedeutend damit, daß zu obiger Differentialgleichung für $\mu \equiv 1$ m Funktionen $\xi, z_2, \ldots, z_\beta$ über $\mathfrak{B}_\gamma$ existieren, die in $\mathfrak{B}_\gamma$ zweimal stetig differenzierbar und in keinem Punkte von $\mathfrak{B}_\gamma$ gleich Null sind.

Das einzige bisher Unbewiesene dieses Satzes ist die Aussage, daß aus dem Nichterfülltsein seiner Bedingung folgt, daß E_γ keine Minimale ist. Der Beweis dieser Tatsache ergibt sich folgendermaßen:

Angenommen, es ist die Bedingung in (106) nicht erfüllt. Dann existiert nach (105) zu E_γ kein geodätisches Feld. Nun stellen wir uns die Aufgabe eine Lösung der Eulerschen Differentialgleichung (100) aufzustellen für den Bereich $\mathfrak{B}_\gamma$, die auf dem Rande von $\mathfrak{B}_\gamma$ positive stetige Randwerte annimmt. Existiert eine solche Lösung, so kann diese nicht in sämtlichen Punkten von $\mathfrak{B}_\gamma$ ungleich Null sein, da nach (102) daraus die Existenz eines geodätischen Feldes zu E_γ folgen würde im Widerspruch zu obiger Feststellung. Also muß die Lösung im Innern von $\mathfrak{B}_\gamma$ längs einer geschlossenen $(m-1)$-dimensionalen Mannigfaltigkeit verschwinden[1]), nach (104) ist damit E_γ keine Minimale. Der andere Fall, daß keine solche Lösung der Eulerschen Differentialgleichung existiert, welche auf dem Rand von $\mathfrak{B}_\gamma$ beliebige positive stetige Randwerte annimmt, ist nach der Theorie partieller Differentialgleichungen dadurch gekennzeichnet, daß das zugehörige homogene Randwertproblem zum Bereich $\mathfrak{B}_\gamma$ eine nichttriviale Lösung hat; damit ist wiederum (104) erfüllt, also E_γ keine Minimale, q. e. d..

Beispiel 1

Im Sinne der vorangegangenen Bezeichnung sei $m = 2$, $n = 3$, $\mathrm{D} \equiv 1$ und $\mathrm{A} = \text{const} < 0$ (der Fall $\geqq 0$ ist trivial und bedarf deshalb keiner besonderen Beachtung). Als Grundbereich $\mathfrak{B}_\gamma$ liege das Rechteck $0 \leqq t_1 \leqq a$, $0 \leqq t_2 \leqq b$ vor (es ist also $\gamma \equiv a$). Die in (106) genannte Differentialgleichung hat dann die Gestalt

$$z\ddot{\xi} = \mu\left(Az - \frac{\partial^2 z}{\partial t_2^2}\right)\xi \qquad \text{mit } \ddot{\xi} = \frac{\partial^2 \xi}{\partial t_1^2}, \quad z \equiv z^{(1)},$$

$$\text{bzw.} \quad \ddot{\xi} = \mu(A + B)\xi \tag{107a}$$

$$\text{mit } \frac{\partial^2 z}{\partial t_2^2} = -Bz \quad \text{unter der Voraussetzung } z \neq 0 \text{ in } \mathfrak{B}_\gamma. \tag{107b}$$

---

[1]) Vgl. [21]. Die hier gezeigten Entwicklungen lassen sich auch auf den Fall beliebiger m leicht übertragen.

So eine Funktion $z(t_\alpha)$, die der Einfachkeit halber nur von t_2 abhänge, wird z. B. geliefert durch eine Eigenfunktion der Differentialgleichung (107 b) zum kleinsten positiven Eigenwert $B = \text{const}$, die für $t_2 = -\frac{\varepsilon}{2}$ und $t_2 = b + \frac{\varepsilon}{2}$ (bei hinreichend klein vorgegebener Konstante $\varepsilon > 0$) gleich Null ist. Damit wird B bestimmt zu $B = \frac{\pi^2}{(b+\varepsilon)^2}$, wie durch eine hier unterdrückte Rechnung leicht gezeigt werden kann. Mit diesem Ausdruck für B betrachten wir nun das Eigenwertproblem zu (107 a) unter Zugrundelegung der Randbedingungen $\xi(0) = \xi(a) = 0$. Für $A + \frac{\pi^2}{(b+\varepsilon)^2} \geqq 0$ existieren keine positiven Eigenwerte, im Sinne der Konzeption von Seite 47 setzen wir also $\mu_1 = +\infty$, und E_γ ist nach (106) eine Minimale über unserem Rechteck $\mathfrak{B}_\gamma$.

Für $A + \frac{\pi^2}{(b+\varepsilon)^2} < 0$ hat der kleinste positive Eigenwert die Größe

$$\mu_1 = \frac{-\pi^2}{a^2\left[A + \frac{\pi^2}{(b+\varepsilon)^2}\right]} \equiv \chi(\varepsilon) \quad (\text{für alle } t_2 \text{ mit } 0 \leqq t_2 \leqq b).$$

Da $\chi(\varepsilon)$ für $|\varepsilon| < b$ eine stetige Funktion von ε ist, ist offensichtlich bei genügend kleiner Wahl von ε stets $\chi(\varepsilon) > 1$ zu erreichen, wenn wir $\chi(0) > 1$ voraussetzen. Nach (106) ist folglich die Existenz eines geodätischen Feldes zu E_γ gesichert, wenn die Bedingung

$$\frac{-\pi^2}{a^2\left[A + \frac{\pi^2}{b^2}\right]} > 1$$

erfüllt ist, und E_γ ist dann eine Minimale zum Variationsproblem (79) bzw. (80) für $A = \text{const.}$, $B_\gamma = 0$ und $C_{\alpha\gamma} = \delta_{\alpha\gamma}$.

Andererseits ist diese Bedingung aber auch notwendig. Denn wäre sie mit dem „$\leqq$"-Zeichen erfüllt, so müßte es aus Gründen der stetigen Abhängigkeit von μ_1 bzgl. a und b ein in $\mathfrak{B}_\gamma$ gelegenes zu $\mathfrak{B}_\gamma$ seitenparalleles Rechteck $\mathfrak{B}^*$: $0 \leqq t_1 \leqq a^*$, $0 \leqq t_2 \leqq b^*$ mit $a^* \leqq a$, $b^* \leqq b$ geben, für das

$$\frac{-\pi^2}{a^{*2}\left[A + \frac{\pi^2}{b^{*2}}\right]} = 1 \quad \text{ist.}$$

Bilden wir schließlich mit der Funktion $z = \sin\left(\frac{\pi}{b^*} t_2\right)$ als eine Lösung des Randwertproblems

$$\left\{\frac{d^2 z}{dt_2^2} = -\frac{\pi^2}{b^{*2}} z, \qquad z(0) = z(b^*) = 0)\right\},$$

und der Funktion $\xi = \sin\left(\frac{\pi}{a^*} t_1\right)$ — diese ist eine Lösung des Randwertproblems $\ddot{\xi} = \left(A + \frac{\pi^2}{b^{*2}}\right)\xi$ mit $\xi(0) = \xi(a^*) = 0$ — das Produkt $\zeta = \sin\left(\frac{\pi}{b^*} t_2\right) \sin\left(\frac{\pi}{a^*} t_1\right)$, so stellt dieses offensichtlich eine Lösung der Eulerschen Differentialgleichung zum vorliegenden Variationsproblem (79) (bei unseren speziellen Voraussetzungen)

$$\frac{\partial^2 \zeta}{\partial t_1^2} + \frac{\partial^2 \zeta}{\partial t_2^2} - A\zeta = 0$$

dar, die auf dem Rande von $\mathfrak{B}^*$ gleich Null ist. Nach (104) kann dann E_γ keine Minimale sein und somit auch kein geodätisches Feld zu E_γ existieren.

Beispiel 2

Die Anwendung des Kriteriums (106) (sowie (95) und (77)) ist besonders in solchen Fällen relativ einfach, bei denen man sich darauf beschränkt nur *hinreichende* Bedingungen dafür anzugeben, daß E_γ eine Minimale ist. Ein Beispiel dieser Art zeigt folgende Aufgabenstellung:

Gegeben sei ein Flächenstück Φ einer beliebigen Minimalfäche, dessen stereographische Projektion seines sphärischen Abbilds auf die komplexe w-Ebene[1]) ein Quadrat mit dem Mittelpunkt $w = 0$ ergibt. Wie lang dürfen die Seiten dieses Quadrates mindestens sein, damit im Vergleich zu allen anderen Flächenstücken gleicher Berandung Φ die kleinste Oberfläche besitzt?

---

[1]) In dem Sinne, daß die Punkte des sphärischen Abbilds auf der Einheitskugel in eineindeutiger Weise den Punkten von Φ zugeordnet sind und daß die komplexe w-Ebene die Einheitskugel halbiert.

Wir erinnern zunächst daran, daß nach H. A. SCHWARZ (vgl. [22]) das Studium der Minimalflächen im Großen — ganz gleich wie die spezielle Beschaffenheit der Flächen ist — auf die Untersuchung des Integrals

$$\int_{\mathfrak{B}} \frac{1}{2} \left\{ \left(\frac{\partial \zeta}{\partial t_1}\right)^2 + \left(\frac{\partial \zeta}{\partial t_2}\right)^2 - \frac{8\,\zeta^2}{(1 + t_1^2 + t_2^2)^2} \right\} dt_1\, dt_2 \tag{108}$$

zurückgeführt werden kann. Dabei ist $\mathfrak{B}$ ein Bereich der komplexen w-Ebene (mit $w = t_1 + it_2$), der bei der stereographischen Projektion des sphärischen Abbilds dieser Minimalfläche erzeugt wird. $\zeta(t_\alpha)$ ist in $\mathfrak{B}$ eine beliebige stetige und stückweise einmal stetig differenzierbare Funktion, die auf dem Rand von $\mathfrak{B}$ gleich Null ist. Das Integral (108) ist die zweite Variation zu einem Variationsproblem vom Typ (1) mit der Grundfunktion

$$f(x_j, p_j) \equiv \sqrt{p_1^2 + p_2^2 + p_3^2}\,,$$

welches charakteristisch für das Problem der Minimalflächen (in Parameterdarstellung) ist. Um also nachzuweisen, daß die vorgegebene Minimalfläche wirklich ein Minimum bzgl. des vorgelegten Variationsproblems ist, genügt folglich die Bestätigung der Aussage, daß die Funktion $\zeta \equiv 0$ über $\mathfrak{B}$ eine Minimale zum Integral (108) darstellt. Nach H. A. Schwarz ist diese Bedingung z. B. erfüllt (vgl. [22], Seite 190), wenn $\mathfrak{B}$ mit seinen sämtlichen Punkten ganz im Innern des Einheitskreises $|w| < 1$ liegt; speziell auf die Frage bzgl. der Seitenlänge a des Quadrates angewendet heißt das, wenn $a < \sqrt{2} = 1{,}4142\ldots$ ist. Dieses Kriterium können wir aber sehr leicht verbessern mit Hilfe unserer Methoden der vorliegenden Arbeit, denn das Integral ist vom Typ (79), sofern wir für $\mathfrak{B}$ voraussetzen, daß er vom Typ (42) ist (oder von der auf Seite 55 formulierten Struktur). Dazu setzen wir nach dem Kriterium (106) — unter Beachtung, daß im vorliegenden Falle $D \equiv 1$ ist und $A = -\dfrac{8}{(1 + t_1^2 + t_2^2)^2}$ — in der Differentialgleichung

$$z\ddot{\xi} = \left(\frac{-8}{(1 + t_1^2 + t_2^2)^2}\, z - \frac{\partial^2 z}{\partial t_2^2}\right) \xi \tag{109}$$

die Funktion z so an, daß sie der Differentialgleichung

$$\frac{\partial^2 z}{\partial t_2^2} = \frac{-4}{(1 + t_1^2 + t_2^2)^2}\, z \tag{109a}$$

genügt. In allen Punkten von $\mathfrak{B}$, in denen $z \neq 0$ ist, „zerfällt" damit (109) in die beiden gewöhnlichen Differentialgleichungen (109a) und

$$\ddot{\xi} = \frac{-4}{(1 + t_1^2 + t_2^2)^2} \xi, \tag{109b}$$

die beide vom gleichen Typ sind und sich nur darin unterscheiden, daß in (109a) t_2 als unabhängige Variable, t_1 als Parameter auftritt, während es in (109b) gerade umgekehrt ist. Nach der Theorie der Rand- und Eigenwertaufgaben bei gewöhnlichen Differentialgleichungen sind wir in der Lage, sogar in geschlossener Form zu (109a) (bzw. (109b)) eine Lösung anzugeben, die bei festgehaltenem Parameter t_1 (bzw. t_2) im Intervall $-\delta < t_2 < \delta$ (bzw. $-\delta < t_1 < \delta$) ungleich Null ist; sie lautet (vgl. [10], Seite 427)[1])

$$\sqrt{1 + t_1^2 + t_2^2} \sin \left[\pi \frac{\operatorname{arctg} \dfrac{t_2}{\sqrt{1 + t_1^2}} - \operatorname{arctg} \dfrac{\delta}{\sqrt{1 + t_1^2}}}{2 \operatorname{arctg} \dfrac{\delta}{\sqrt{1 + t_1^2}}} \right],$$

sofern δ die Bedingung erfüllt

$$-(1 + t_1^2) + \frac{[1 + t_1^2]\, \pi^2}{\left(2 \operatorname{arctg} \dfrac{\delta}{\sqrt{1 + t_1^2}} \right)^2} > 4 \tag{110}$$

(Entsprechendes zur Differentialgleichung (109b) unter Vertauschung von t_1 mit t_2). (110) läßt sich leicht auch auf die Gestalt bringen

$$\delta < \sqrt{1 + t_1^2} \operatorname{tg} \left[\frac{\sqrt{1 + t_1^2}\, \pi}{2 \sqrt{5 + t_1^2}} \right] \equiv \varrho(t_1), \tag{110'}$$

aus der wir leicht für die einzelnen t_1-Werte die obere Grenze von δ, also $\varrho(t_1)$, errechnen können. Nachstehend sind für einige Werte von t_1 tabellarisch die zugehörigen Funktionswerte von $\varrho(t_1)$ angegeben:

t_1	0	0,3	0,5	0,8	1	1,3	1,5	2
$\varrho(t_1)$	0,84	0,92	1,07	1,45	1,80	2,55	3,14	5,28

,

[1]) Oder [16], S. 494.

Darüber hinaus läßt sich leicht zeigen, daß für beliebige t_1 stets

$$\varrho(t_1) = \sqrt{1+t_1^2}\,\operatorname{tg}\left[\frac{\sqrt{1+t_1^2}\,\pi}{2\sqrt{5+t_1^2}}\right] > \frac{(1+t_1^2)\,\pi}{2\sqrt{5+t_1^2}} > t_1 \tag{111}$$

ist. Graphisch dargestellt ergibt die Funktion $t_2 = \pm\,\varrho(t_1)$ den oberen und unteren Kurvenast der nachstehend aufgeführten Abbildung; entsprechend $t_1 = \pm\,\varrho(t_2)$ den linken und rechten Ast.

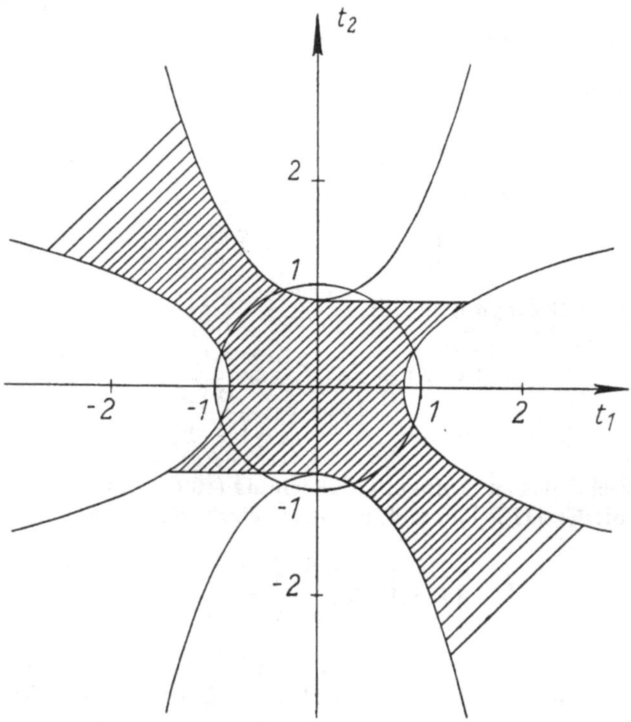

Nach (111) schneiden sich diese Äste in keinem einzigen Punkt der komplexen w-Ebene (abgesehen vom Punkt $w = \infty$). Das Existenzgebiet zu nichtverschwindenden Lösungen zu (109a) *und* (109b) im Sinne der auf Seite 73 angegebenen Art ist das in der Abbildung dargestellte „kreuzartige“ Gebiet, das von den vier Kurvenästen begrenzt wird und den Ursprung $w = 0$ enthält. Dieses ist also ein Existenzgebiet nichtverschwindender Lösungen ξ und z von (190). Nach (106) ist damit zu jedem Bereich $\mathfrak{B}$, der die Voraussetzungen (42) oder die von Seite 55 erfüllt (bzw. zu jedem Teilbereich eines solchen Bereiches) und im Inneren des „kreuzartigen" Gebietes liegt, die triviale Nullösung $\zeta \equiv 0$ von (108) eine Minimale (also auch das zugehörige Stück einer Minimalfläche). Das trifft für alle Bereiche zu, die im Innern des schraffierten Gebietes (oder des durch Spiegelung der oberen oder unteren Halbebene an der t_2-Achse daraus hervorgehenden Gebietes) liegen. Insbesondere liefert also eine Minimalfläche ein Minimum bzgl. der Oberfläche aller Flächen gleicher Berandung, wenn ihr sphärisches Abbild stereographisch projiziert ein Quadrat mit dem Mittelpunkt $w = 0$ ergibt, dessen Seiten $a < 1{,}68$ sind.

ANHANG I

Bemerkungen zu Grassmannschen Richtungskoordinaten

Über einem Bereich $\mathfrak{B}$ seien viermal stetig differenzierbare Funktionen

$$q_{(i)}(t_\alpha) \equiv q_{(i_1, \ldots, i_m)}(t_\alpha) \quad \text{mit} \quad (t_\alpha) \in \mathfrak{B}$$

gegeben, wobei $\alpha = 1, \ldots, m$ und $i_1, i_2, \ldots, i_m$ irgendwelche natürliche Zahlen von $1, \ldots, n$ sind. Außerdem sollen die $q_{(i)}(t_\alpha)$ alternierende Größen sein und den Grassmannschen Relationen

$$b_\varrho(q) = 0 \quad \text{und} \quad \sum_{(i)} q_{(i)} q_{(i)} \neq 0 \tag{A}$$

genügen[1]).

Behauptung: Es läßt sich stets eine Matrix $(\xi_{i\alpha}(t_\beta))$ mit viermal stetig differenzierbaren Funktionen $\xi_{i\alpha}(t_\beta)$ $(i = 1, \ldots, n,$ $\alpha = 1, \ldots, m)$ über ganz $\mathfrak{B}$ angeben, so daß

$$q_{(i)} = \operatorname{Det} |\xi_{i_1\alpha}, \ldots, \xi_{i_m\alpha}| \quad \text{ist.} \tag{B}$$

Beweis: Im Kleinen, d. h., in der Umgebung eines Punktes (t_β) von $\mathfrak{B}$ wird diese Aussage durch entsprechende Betrachtungen von [1], geliefert, und zwar folgendermaßen: Nach (A) ist in einem beliebigen Punkt (t_β^0) von $\mathfrak{B}$ mindestens eines der $q_{(i)}$ — etwa $q_{(i_1^0, i_2^0, \ldots, i_m^0)}$ — ungleich Null. Wir geben uns nun irgendwelche viermal stetig differenzierbare Funktionen $\xi_{i\alpha}^0(t_\beta)$ für $i = 1, \ldots, m$ und $\alpha = 1, \ldots, m$ so vor, daß

$$q_{(i_1^0, \ldots, i_m^0)} = \operatorname{Det} |\xi_{i\alpha}^0| \equiv \Delta_0(t_\beta)$$

ist in einer hinreichend kleinen Umgebung von (t_β^0) mit $\Delta_0(t_\beta^0) \neq 0$. Die restlichen $(n-m)m$ Funktionen $\xi_{i\alpha}^0(t_\beta)$ für $\alpha = 1, \ldots, m$,

---

[1]) Die $q_{(i)}$ sollen darüber hinaus mit den gleichen Eigenschaften auch noch für einen Bereich $\mathfrak{B}_0$ erklärt sein, der $\mathfrak{B}$ ganz in seinem Inneren enthält.

$j = 1, \ldots, n$ mit $j \neq i_1^0, \ldots, i_m^0$ errechnen wir aus den $n-m$ linearen Gleichungssystemen

$$\left\{ q_{(i_1^0, i_2^0, \ldots, i_{r-1}^0, j, i_{r+1}^0, \ldots, i_m^0)} = \sum_{\alpha=2}^{m} \xi_{j\alpha}^0 \frac{\partial \Delta_0}{\partial \xi_{r\alpha}^0} \right\}_{r=1,\ldots,m}.$$

Man ersieht daraus unmittelbar, daß wegen $\Delta_0(t_\beta^0) \neq 0$ die Auflösung nach den gesuchten Größen $\xi_{j\alpha}^0$ (für $\alpha = 1, \ldots, m$ und $j \neq i_1^0, \ldots, i_m^0$) eindeutig ist für eine gewisse Umgebung von (t_β^0) und daß diese auch hier viermal stetig differenzierbar sind (Vgl. im einzelnen hierzu [1]). Der genannten Arbeit zufolge liefern die so gefundenen Funktionen $\xi_{k\alpha}^0(t_\beta)$ für $i = 1, \ldots, n$; $\alpha = 1, \ldots, m$ im *Kleinen* das Resultat (B).

Jedem Punkt (t_α^0) von $\mathfrak{B}$ wird nach dem eben angegebenen Konstruktionsverfahren somit eine Umgebung zugeordnet mit Funktionen $\xi_{k\alpha}^0(t_\beta)$ und nach dem Borelschen Überdeckungssatz können wir $\mathfrak{B}$ mit endlich vielen solcher Umgebungen überdecken, die wir der Einfachheit halber als m-dimensionale abgeschlossene Hyperkugeln $\mathfrak{K}_1, \ldots, \mathfrak{K}_M$ wählen. Die konstruierten Funktionen $\xi_{i\alpha}^0(t_\beta)$ in $\mathfrak{K}_\nu$ nennen wir $\xi_{i\alpha}^\nu$, und es ist

$$q_{(i)} = \mathrm{Det}\, | \xi_{i_1\alpha}^\nu, \ldots, \xi_{i_m\alpha}^\nu | \text{ in } \mathfrak{K}_\nu$$

für beliebige Indexkombinationen $(i_1, \ldots, i_m)$ aus $1, \ldots, n$.

Wir betrachten nun den Durchschnitt von $\mathfrak{K}_1$ mit einer Nachbarkugel — die wir mit $\mathfrak{K}_2$ bezeichnen —: $\mathfrak{K}_1 \cap \mathfrak{K}_2$, und in diesem ist nach (B)

$$q_{(i)} = \mathrm{Det}\, | \xi_{i_1\alpha}^1, \ldots, \xi_{i_m\alpha}^1 | = \mathrm{Det}\, | \xi_{i_1\alpha}^2, \ldots, \xi_{i_m\alpha}^2 |, \quad (t_\beta) \in \mathfrak{K}_1 \cap \mathfrak{K}_2.$$

Hilfssatz: Die m Vektoren $(\xi_{i\alpha}^2)$ im R_n müssen zu $(t_\beta) \in \mathfrak{K}_1 \cap \mathfrak{K}_2$ notwendig als Linearkombination aus den Vektoren $\xi_{i\alpha}^1$ hervorgehen für beliebige (t_β) aus $\mathfrak{K}_1 \cap \mathfrak{K}_2$.

Beweis: Wir betrachten in einem beliebigen aber festen Punkt (t_β) von $\mathfrak{K}_1 \cap \mathfrak{K}_2$ den n-dimensionalen Vektorraum im R_n, der durch die m Vektoren $(\xi_{i\alpha}^1)$ und $n-m$ irgendwelche dazu orthogonale linear unabhängige Vektoren $(\eta_{i\varrho})$ (für $\varrho = 1, \ldots, n-m$) aufgespannt wird. Dann gibt es zunächst Größen

$$c_{\alpha\beta}^0 \ (\alpha, \beta, = 1, \ldots, m) \quad \text{und} \quad \mu_{\alpha\varrho} \ (\alpha = 1, \ldots, m; \ \ \varrho = 1, \ldots, n-m),$$

so daß gilt

$$\xi_{i\alpha}^2 = c_{\alpha\beta}^0 \xi_{i\beta}^1 + \mu_{\alpha\varrho} \eta_{i\varrho} \quad \text{für} \quad i = 1, \ldots, n. \tag{C}$$

Zum Beweise des Hilfssatzes ist also zu zeigen, daß sämtliche $\mu_{\alpha\varrho}$ gleich Null sind.

Auf Grund der Eigenschaft (A) der $q_{(i)}$ ist nach dem Laplaceschen Entwicklungssatz

$$D = \operatorname{Det} \begin{vmatrix} \xi^2_{i\alpha} & \ldots & \xi^2_{n\alpha} \\ \vdots & & \\ \eta_{1\varrho} & \ldots & \eta_{n\varrho} \end{vmatrix} = \operatorname{Det} \begin{vmatrix} \xi^1_{1\alpha} & \ldots & \xi^1_{n\alpha} \\ & & \\ \eta_{1\varrho} & \ldots & \eta_{n\varrho} \end{vmatrix} \neq 0. \qquad \text{(D)}$$

Setzen wir in die erste Darstellungsform von D die Ausdrücke (C) ein und subtrahieren wir (indem wir ϱ die Zahlen $1, 2, \ldots, n-m$ durchlaufen lassen) die mit $\mu_{\alpha\varrho}$ multiplizierte $(m+\varrho)$-te Zeile zur α-ten Zeile, so erhalten wir für D den Ausdruck

$$\operatorname{Det} \begin{vmatrix} c^0_{\alpha\beta}\,\xi^1_{1\beta} & \ldots & c^0_{\alpha\beta}\,\xi^1_{n\beta} \\ \vdots & & \vdots \\ \eta_{1\varrho} & \ldots & \eta_{n\varrho} \end{vmatrix} = \operatorname{Det} \begin{vmatrix} \xi^1_{1\alpha} & \ldots & \xi^1_{n\alpha} \\ \vdots & & \\ \eta_{1\varrho} & \ldots & \eta_{n\varrho} \end{vmatrix},$$

und nach dem Laplaceschen Entwicklungssatz folgt $\operatorname{Det} |c^0_{\alpha\beta}| = 1$.

Ersetzen wir andererseits in (D) für ein festes aber beliebiges k (mit $k = 1, 2, \ldots, m$) die $(m+l)$-te Zeile (mit $0 < l \leqq n-m$) durch $\xi^2_{1k}, \ldots, \xi^2_{nk}$, so haben die Determinanten den Wert Null (da auf der linken Seite zwei gleiche Zeilen stehen). Setzen wir in die rechte Determinante dieser Art für ξ^2_{ik} die Ausdrücke (C) ein, so erhalten wir durch Subtraktion der mit $c_{\alpha\beta}$ multiplizierten β-ten Zeile von der $(m+l)$-ten Zeile (für $\beta = 1, \ldots, m$) und durch Subtraktion der mit $\mu_{k\varrho}$ $(\varrho \neq l)$ multiplizierten $(m+\varrho)$-ten Zeile von der $(m+l)$-ten Zeile

$$\mu_{kl}\, D = 0, \quad \text{also wegen} \quad D \neq 0$$

$$\mu_{kl} = 0 \quad \text{für beliebige } k, l, \text{ womit der Hilfssatz bewiesen ist.}$$

Auf Grund dieses Hilfssatzes ist nun in $\mathfrak{K}_1 \cap \mathfrak{K}_2$ $\xi^2_{i\alpha} = c^0_{\alpha\beta}\,\xi^1_{i\beta}$ mit $\operatorname{Det} |c^0_{\alpha\beta}| = 1$, so daß auch die $c^0_{\alpha\beta}$ viermal stetig differenzierbare Funktionen in $\mathfrak{K}_1 \cap \mathfrak{K}_2$ sind. (Diese letzte Tatsache kann man unmittelbar erkennen, wenn man zu einem zu $(\xi^1_{i\alpha})$ orthonormierten System von Vektoren übergeht!)

Wir bestimmen nun irgendwelche Funktionen $d_{\alpha\beta}(t_\gamma)$ in $\mathfrak{K}_2$, die hier viermal stetig differenzierbar sind und von der Eigenschaft, daß auf dem zu $\mathfrak{K}_1$ gehörenden Randstück $\mathfrak{L}_2 \cap \mathfrak{K}_1$ des Randes $\mathfrak{L}_2$ von $\mathfrak{K}_2$ die Gleichheit $d_{\alpha\beta} = c^0_{\alpha\beta}$ besteht und alle Ableitungen von $d_{\alpha\beta}$ bis zur vierten Ordnung mit den entsprechenden Ableitungen von $c^0_{\alpha\beta}$ übereinstimmen. Dazu können wir uns z. B. — unter geeigneter Fortsetzung der Randwerte über ganz $\mathfrak{L}_2$[1]) — die $d_{\alpha\beta}$ als Lösungen eines Randwertproblems der Differentialgleichung $\Delta^4 z = 0$ zum Bereiche $\mathfrak{K}_2$ mit den Werten $c^0_{\alpha\beta}$ und seinen Ableitungen bis zur vierten Ordnung als Randwerte auf $\mathfrak{L}_2$ vorstellen. Ist $\psi(t_\beta)$ eine weitere Funktion über $\mathfrak{K}_2$, die hier viermal stetig differenzierbar ist, auf $\mathfrak{L}_2$ einschließlich ihrer Ableitungen bis zur vierten Ordnung gleich Null ist und in allen inneren Punkten von $\mathfrak{K}_2$ positiv ist, so bilden wir die Funktionen

$$c^*_{\alpha\beta} = d_{\alpha\beta} + \delta_{\alpha\beta}\psi \cdot N \qquad \left(\text{mit } \delta_{\alpha\beta} = \begin{cases} 0 & \text{für } \alpha = \beta \\ 1 & \text{für } \alpha = \beta \end{cases}\right).$$

Die Konstante N läßt sich offensichtlich stets so groß wählen, daß $c^*_{\alpha\beta}(t_\gamma)$ für $\alpha = \beta$ größer als Null ist und daß $\operatorname{Det}|c^*_{\alpha\beta}| > 0$ ist, für alle (t_γ) aus $\mathfrak{K}_2$.

Mit $c_{\alpha\beta} = \dfrac{c^*_{\alpha\beta}}{\sqrt[n]{\operatorname{Det}|c^*_{\alpha\beta}|}}$ haben wir dann offensichtlich eine Fortsetzung von $c^0_{\alpha\beta}$ aus $\mathfrak{K}_1 \cap \mathfrak{K}_2$ nach $\mathfrak{K}_2$ gefunden, die viermal stetig differenzierbar ist und die Bedingung $\operatorname{Det}|c_{\alpha\beta}| = 1$ erfüllt.

Setzen wir in $\mathfrak{K}_1 - (\mathfrak{K}_2 \cap \mathfrak{K}_1)$ $\quad \xi_{i\alpha} = \xi^1_{i\alpha}(t_\gamma)$

und in $\mathfrak{K}_2$
$$\xi_{i\alpha} = \bar{c}_{\alpha\beta}\,\xi^2_{i\beta}, \tag{E}$$

wobei $(\bar{c}_{\alpha\beta})$ die inverse Matrix zu $(c_{\alpha\beta})$ ist, so ist wegen $\operatorname{Det}|c_{\alpha\beta}| = 1$ und damit auch $\operatorname{Det}|\bar{c}_{\alpha\beta}| = 1$ die Relation $\operatorname{Det}|\xi_{i_1\alpha}\ldots,\xi_{i_m\alpha}| = q_{(i)}$ (für beliebige Indexkombinationen $(i) = i_1,\ldots,i_m)$) nicht nur in $\mathfrak{K}_1 - (\mathfrak{K}_1 \cap \mathfrak{K}_2)$ erfüllt, sondern auch in $\mathfrak{K}_2$ und damit in $\mathfrak{K}_1 + \mathfrak{K}_2$. Die $\xi_{i\alpha}(t_\gamma)$ sind außerdem nach Konstruktion der $c_{\alpha\beta}$ in $\mathfrak{K}_1 + \mathfrak{K}_2$ viermal stetig differenzierbare Funktionen. Denn auf $\mathfrak{L}_2 \cap \mathfrak{K}_1$ stimmt $c_{\alpha\beta}$ bzw. seine Ableitungen bis zur vierten Ordnung mit $c^0_{\alpha\beta}$ bzw. dessen entsprechenden Ableitungen bis zur vierten Ordnung überein. Nach (C) gilt in $\mathfrak{K}_1 \cap \mathfrak{K}_2$

$$\xi^2_{i\alpha} = c^0_{\alpha\beta}\,\xi^1_{i\beta}; \quad \text{nach (E) in } \mathfrak{K}_2 \quad \xi^2_{i\alpha} = c_{\alpha\beta}\,\xi_{i\beta},$$

so daß auf $\mathfrak{L}_2 \cap \mathfrak{K}_1$ wegen der Eigenschaft der $c_{\alpha\beta}$ Gleichheit von $\xi^1_{i\beta}$ und $\xi_{i\beta}$ bzw. deren entsprechenden Ableitungen bis zur vierten

[1]) Im Sinne viermal stetig differenzierbarer Funktionen $c^0_{\alpha\beta}$ mit $\operatorname{Det}|c^0_{\alpha\beta}| \neq 0$.

Ordnung besteht. Da nach (E) ohnehin in $\mathfrak{K}_1 - (\mathfrak{K}_1 \cap \mathfrak{K}_2)$ $\xi_{i\beta} = \xi^1_{i\beta}$ ist, sind die $\xi_{i\beta}$ einschließlich ihrer Ableitungen bis zur vierten Ordnung in $\mathfrak{K}_1 + \mathfrak{K}_2$ stetig.

Setzen wir dieses Konstruktionsverfahren fort, indem wir eine Kugel $\mathfrak{K}_3$ herausgreifen, die mit $\mathfrak{K}_1 + \mathfrak{K}_2$ einen nicht leeren Durchschnitt hat, so werden wir auf Funktionen $\xi_{i\alpha}(t_i)$ geführt, die in $\mathfrak{K}_1 + \mathfrak{K}_2 + \mathfrak{K}_3$ viermal stetig differenzierbar sind und die Relationen (B) erfüllen usw.. Wir erhalten so sukzessiv eine Fortsetzung der $\xi_{i\alpha}(t_\beta)$ über $\sum\limits_{\nu=1}^{M} \mathfrak{K}_\nu$ bzw. ganz $\mathfrak{B}$, die gemäß dem obigen Konstruktionsverfahren hier die Relationen (B) erfüllen. Damit ist aber obige Behauptung bewiesen.

ANHANG II

Über die Legendresche Transformation im Großen „längs" einer Mannigfaltigkeit positiv regulärer Flächenelemente

Gegeben sei im $(x_1, \ldots, x_n)$-Raum eine m-dimensionale Fläche E durch die Parameterdarstellung $x_i = e_i(t_\alpha)$ für $i = 1, \ldots, n$ mit $(t_\alpha) \in \mathfrak{B}$ im Sinne der Voraussetzungen von (42'), wobei die $e_i(t_\alpha)$ entsprechend Seite 29 auch noch für einen Bereich $\mathfrak{B}_0$ erklärt sind, der $\mathfrak{B}$ ganz in seinem Inneren enthält. Insbesondere sind dann über $\mathfrak{B}_0$ die Flächenelemente zu E – wir bezeichnen sie mit $\big(e(t_\alpha), p(t_\alpha)\big)$ – positiv regulär.

Behauptung: Die Legendresche Transformation (12) ist für eine Umgebung *sämtlicher* Flächenelemente von E umkehrbar eindeutig bestimmt und insbesondere ist $F(x, P)$ eine *im Großen* eindeutige Funktion auf einer gewissen Mannigfaltigkeit des (x, P)-Raumes.

Beweis: Wir betrachten die Transformationsgleichungen

$$P_{(i)} = f(x, p)\, f_{(i)}(x, p)$$

$$\text{unter den Nebenbedingungen } b_\varrho(p) = b_\varrho(P) = 0. \qquad \text{(A)}$$

Dann ist auf Grund der positiven Regularität der Flächenelemente von E in einer hinreichend kleinen Umgebung jedes Flächenelementes $\big(e(t_\alpha), p(t_\alpha)\big)$ eine umkehrbar eindeutige Zuordnung $(x, p) \leftrightarrow (x, P)$ durch (A) im Kleinen erklärt (vgl. [24], S. 375). Genauer gesagt, zu jedem hinreichend klein vorgegebenen $\delta_1 > 0$ und Punkten (x_j) mit

$$(x_j) \in \Pi(t_\alpha),\ |x_i - e_i(t_\alpha)| < \delta_1 \ \text{(bei festem } (t_\alpha) \text{ aus } \mathfrak{B}) \qquad \text{(B)}$$

existiert ein $\delta_2 > 0$ und eine Umgebung $U(t_\alpha)$ zu $\big(p_{(i)}(t_\alpha)\big)$ im $(p_{(i)})$-Raum, so daß jedem Richtungselement (x, P) mit

$$|P_{(i)} - f\big(e(t_\alpha), p(t_\alpha)\big)\, f_{(i)}\big(e(t_\alpha), p(t_\alpha)\big)| < \delta_2{}^{1)} \text{ und } b_\varrho(P) = 0 \qquad \text{(C)}$$

1) In Zukunft wird $f\big(e(t_\alpha), p(t_\alpha)\big)\, f_{(i)}\big(e(t_\alpha), p(t_\alpha)\big) = P_{(i)}(t_\alpha)$ gesetzt.

genau ein Flächenelement (x, p) mit $(p_{(i)}) \in U(t_\alpha)$ und $b_\varrho(p) = 0$ zugeordnet wird und umgekehrt. Unter $\Pi(t_\alpha)$ verstehen wir dabei diejenige $(n - m)$-dimensionale Hyperebene im $(x_1, \ldots, x_n)$-Raum, die den Punkt $(e(t_\alpha))$ von E enthält und orthogonal zur Tangentialebene dieses Punktes ist.

Wegen der in den Voraussetzungen enthaltenen Bedingung $p_{(i)}(t_\alpha)\, p_{(i)}(t_\alpha) \neq 0$ ist offensichtlich jedem Punkte (x_j), der in einer hinreichend kleinen Umgebung von E liegt, genau eine dieser Hyperebenen $\Pi(t_\alpha)$ zugeordnet, welche diesen Punkt enthält. (D)

Wir betrachten nun im (x, P)-Raum die Vereinigungsmenge V^* aller durch (B) und (C) gekennzeichneten Punktmengen bzw. im (x, p)-Raum die Vereinigungsmenge V aller durch (B) und $(p_{(i)}) \in U(t_\alpha)$ gekennzeichneten Punktmengen, indem wir (t_α) sämtliche Punkte von $\mathfrak{B}$ durchlaufen lassen. Dann ist V ein Umgebungsraum der Flächenelemente $(e(t_\alpha), p(t_\alpha))$ und V^* ein Umgebungsraum der Elemente $(e(t_\alpha), P(t_\alpha))$ über $\mathfrak{B}$. Die Punkte von V und V^* werden dabei einander *umkehrbar eindeutig* zugeordnet mittels (A); denn gäbe es zu einem Punkte (x^0, P^0) von V^* *zwei* Bildpunkte (x^0, p^1) und (x^0, p^2) von V, so müßte nach (D) genau ein Punkt (t_α) von $\mathfrak{B}$ mit der zugehörigen Hyperebene $\Pi(t_\alpha)$ existieren, so daß für $x_i = x_i^0$ die Bedingung (B) erfüllt ist und $|P^0_{(i)} - P_{(i)}(t_\alpha)| < \delta_2$. Wegen der obigen Eineindeutigkeit der Abbildung (A) im Kleinen müßte dann aber einer der Punkte (x^0, p^1) bzw. (x^0, p^2) — sagen wir etwa (x^0, p^1) — *außerhalb* der durch $x_i = x_i^0$ und $(p_{(i)}) \in U(t_\alpha)$ gekennzeichneten Punktmenge liegen. Dann könnte aber (x^0, p^1) nach dem Konstruktionsverfahren von V gar nicht zu V gehören, womit ein Widerspruch zu obiger Annahme erzielt worden ist, so daß die Abbildung $V \leftrightarrow V^*$ eineindeutig ist.

Diesen Ergebnissen zufolge existiert zu ganz V^* eine Gesamtheit von Funktionen $\varphi_{(i)}(x, P)$ mit

$$p_{(i)} = \varphi_{(i)}(x, P),$$

welche die Umkehrung der Transformation (A) charakterisieren und eindeutig sind (und darüber hinaus gemäß der Betrachtungen im Kleinen sogar viermal stetig differenzierbar sind).

Nach S. 13 wird dann auf der Grassmannschen Mannigfaltigkeit $b_\varrho(P) = 0$ die Funktion $F(x, P)$ definiert durch

$$F(x, P) = f(x, \varphi(x, P)), \quad \text{so daß } F(x, P)$$

über ganz V^* *eindeutig* bestimmt ist, q. e. d..

LITERATUR

[1) BERTINI-DUSCHEK: Einführung in die projektive Geometrie mehrdimensionaler Räume, Wien 1942.

[2] BOERNER, H.: Über die Extremalen und geodätischen Felder in der Variationsrechnung mehrfacher Integrale, Math. Ann. **112** (1935/36) 187—220.

[3] —, Über die Legendresche Bedingung und die Feldtheorien in der Variationsrechnung der mehrfachen Integrale, Math. Z. **46** (1940) 720—742.

[4] —, Carathéodorys Eingang zur Variationsrechnung. J.-Ber. d. dtsch. Math.-Ver. **56** (1953) 31—58.

[5] BOLZA, O.: Vorlesungen über Variationsrechnung, Leipzig 1933.

[6] CARATHÉODORY, C.: Über die Variationsrechnung bei mehrfachen Integralen. Acta Szeged **4** (1929) 193—216.

[7] —, Gesammelte mathematische Schriften, Bd. I, München 1954.

[8] —, Variationsrechnung und partielle Differentialgleichungen erster Ordnung, Leipzig/Berlin 1935.

[9] CLEBSCH, A.: Reduction der zweiten Variation, Journal f. Math. **55** (1958) 254—273.

[10] COLLATZ, L.: Eigenwertaufgaben mit technischen Anwendungen, Leipzig 1949.

[11] COURANT-HILBERT: Methoden der mathematischen Physik I, II, Berlin 1931.

[12] GROSS, W.: Das isoperimetrische Problem bei Doppelintegralen, Monatsh. f. Math. u. Phys. **27** (1916) 70—120.

[13] HÖLDER, E.: Die Lichtensteinsche Methode für die Entwicklung der zweiten Variation, angewandt auf das Problem von Lagrange, Prace matemat.-fizyczne, Warschau 1935.

[14] —, Entwicklungssätze aus der Theorie der zweiten Variation. Allgemeine Randbedingungen. Acta math. **70** (1939) 193—242.

[15] KAMKE, E.: Differentialgleichungen reeller Funktioı en, Leipzig 1950.

[16] —, Differentialgleichungen, Lösungsmethoden und Lösungen, I, Leipzig 1956.

[17] KLÖTZLER, R.: Beiträge zur Theorie mehrdimensionaler Variationsprobleme mit geknickten Extremalen, Ber. ü. d. Verh. d. Sächs. Akad. d. Wissensch., Math.-nat. Kl., **102** (1958) H. 5.

[18] KOWALEWSKI, G.: Einführung in die Determinantentheorie, Berlin 1954.

[19] LICHTENSTEIN, L.: Untersuchungen über zweidimensionale reguläre Variationsprobleme, 1. Abh., Monatsh. f. Math. u. Phys. **28** (1917); 2. Abh., Math. Z. **5** (1919).

[20] Lichtenstein, L.: Zur Analysis d. unendlich vielen Variablen, Math. Z. **3** (1919).

[21] —, Beiträge zur Theorie der linearen partiellen Differentialgleichungen zweiter Ordnung vom elliptischen Typus . . ., Rend. d. Circ. Mat. Palermo **33** (1912).

[22] Schwarz, H. A.: Gesammelte mathematische Abhandlungen I, Berlin 1890.

[23] Velte, W.: Zur Variationsrechnung mehrfacher Integrale in Parameterdarstellung, Mitt. aus d. Math. Sem. Gießen **54** (1953).

[24] —, Zur Variationsrechnung mehrfacher Integrale, Math. Z. **60** (1954) 367—383.

Fortsetzung von der 2. Umschlagseite

Heft 3 Prof. Dr. ERNST DIEPSCHLAG / Die Anwendbarkeit der Regelungstechnik in der Hüttenindustrie 38 Seiten – 12 Abbildungen – 8° – 1952 – DM 3,90

Heft 4 Prof. Dr. ALBERT FROMME / Die Bedeutung der Entwicklungsgeschichte, besonders des Mesenchyms für die Klinik 24 Seiten – 8° – 1952 – DM 1,75 *(vergriffen)*

Heft 5 Dr. ROBERT BÖKER / Die Entstehung der Sternsphäre Arats 68 Seiten – 4 Abbildungen – 2 Falttafeln – 3 Tabellen – 8° – 1952 – DM 5,60

Band 100

Heft 1 Prof. Dr. HEINRICH BRANDT / Über Stammfaktoren bei ternären quadratischen Formen 24 Seiten – 8° – 1952 – DM 2,25

Heft 2 Dr. PAUL GÜNTHER / Zur Gültigkeit des Huygens'schen Prinzips bei partiellen Differentialgleichungen vom normalen hyperbolischen Typus 43 Seiten – 8° – 1952 – DM 5,–

Heft 3 Dr. ALFRED MÜLLER / Die Schaubarkeit in der Axonometrie 22 Seiten – 3 Falttafeln – 8° – 1952 – DM 3,– *(vergriffen)*

Heft 4 Prof. Dr.-Ing. ENNO HEIDEBROEK / Die Beziehungen zwischen Härte, Schmierung und Verschleißfestigkeit Nachdruck – 40 Seiten – 10 Abbildungen – 8° – 1954 – DM 3,40

Heft 5 Prof. Dr. ROBERT SCHRÖDER / Frauenheilkunde in Forschung und Praxis 22 Seiten – 8° – 1952 – DM 1,35

Heft 6 Dr. ROLF REISSIG / Die pandiagonalen Quadrate vierter Ordnung 54 Seiten – 8° – 1952 – DM 5,–

Heft 7 Prof. Dr. MAX ROBITZSCH † / Die Erforschung der Atmosphäre, ihre Methodik und ihre Probleme 30 Seiten – 12 Abbildungen – 4 Kunstdrucktafeln – 8° – 1953 – DM 2,50

Band 101

Heft 1 Prof. Dr. KURT SCHWABE / Periodische Erscheinungen bei der anodischen Auflösung des Zinks 33 Seiten – 14 Abbildungen – 8° – 1954 – DM 3,–

Heft 2 Dr. UDO PRIL / Positive Lösungen einer nichtlinearen Integralgleichung 44 Seiten – 2 Abbildungen – 8° – 1953 – DM 4,–

Heft 3 Dr. JOACHIM FOCKE / Asymptotische Entwicklungen mittels der Methode der stationären Phase 2. unveränderte Auflage – 48 Seiten – 8° – 1957 – DM 4,80 *(vergriffen)*

Heft 4 Prof. Dr. HANS SALIÉ / Zur Verteilung natürlicher Zahlen auf elementfremde Klassen 26 Seiten – 8° – 1954 – DM 2,50 *(vergriffen)*

Heft 5 Prof. Dr.-Ing. ENNO HEIDEBROEK / Die Verantwortlichkeit des Ingenieurs 22 Seiten – 8° – 1954 – DM 1,– *(vergriffen)*

Heft 6 Prof. Dr. HANS SCHUBERT / Dr. ERICH SCHINCKE / Zur Ermittlung von Unterschallströmungen mit der Transformationsmethode bei quadratischer Approximation der Adiabate 32 Seiten – 6 Abbildungen – 2 Tabellen – 8° – 1955 – DM 2,30

Heft 7 Dr. HELMUT SCHAEFER / Neue Existenzsätze in der Theorie nichtlinearer Integralgleichungen 40 Seiten – 8° – 1955 – DM 2,40

Band 102

Heft 1 Dr. PAUL GÜNTHER / Über einige spezielle Probleme aus der Theorie der linearen partiellen Differentialgleichungen zweiter Ordnung 50 Seiten – 8° – 1957 – DM 4,60 *(vergriffen)*

Heft 2 Prof. Dr. HANS SCHUBERT / Dr. ERICH SCHINCKE / Zum Konturproblem der Hodographenmethode im Unterschall 25 Seiten – 8° – 1957 – DM 2,20

Heft 3 Prof. Dr. FRANZ RUNGE / Über die Polymerisation ungesättigter organischer Verbindungen 13 Seiten – 1 Tabelle – 8° – 1957 – DM 1,–

Heft 4 Dr. VICTOR VÂLCOVICI / Une extension des liaisons non holonomes et des principes variationnels 39 Seiten — 8° — 1958 — DM 2,40

Heft 5 Dr. ROLF KLÖTZLER / Beiträge zur Theorie mehrdimensionaler Variationsprobleme mit geknickten Extremalen 72 Seiten — 8° — 1958 — DM 4,30

Heft 6 Prof. Dr. PAULA HERTWIG / Strahlenschäden und Strahlenschutz im zellulären Bereich. 43 Seiten. — 14 Abbildungen — 6 Tabellen — 4 Tafeln — 8° — 1957 — DM 2,—

Heft 7 Prof. Dr. WILHELM TREIBS / Entwicklungslinien der organischen Chemie 25 Seiten — 8° — 1957 — DM 1,40

Band 103

Heft 1 Prof. Dr. GEORG SPACKELER / Über die Möglichkeit einer Lieferung von Magnesiumsulfat als Düngemittel seitens des Kalibergbaus der Deutschen Demokratischen Republik
Prof. Dr. ANTON ARLAND / Magnesium im Landbau
38 Seiten — 1 Abbildung — 2 Landkarten — 8° — 1958 — DM 1,90

Heft 2 Prof. Dr. HEINRICH BREDT / Über den Tod. Eine naturwissenschaftliche Betrachtung 26 Seiten — 8° — 1958 — DM 1,10 *(vergriffen)*

Heft 3 Dr. HANS WUSSING / Über Einbettungen endlicher Gruppen 38 Seiten — 8° — 1958 — DM 2,50

Heft 4 Prof. Dr. ERNST NEEF / Über die Veränderlichkeit unserer geographischen Umwelt 19 Seiten — 8° — 1959 — DM 1,20

Heft 5 Prof. Dr. WOLFGANG LANGENBECK / Zur Biochemie der Spurenmetalle. Mit Diskussionsbeiträgen 16 Seiten — 4 Tabellen — 8° — 1959 — DM 1,—

Heft 6 Prof. Dr. HANS SCHUBERT / Dr. ERICH SCHINCKE / Die Berechnung einer zirkulationslosen Unterschallströmung um den Kreiszylinder mit der Hodographenmethode 42 Seiten — 12 Abbildungen — 4 Tabellen — 8° — 1959 — DM 4,20

Heft 7 Prof. Dr. PAULA HERTWIG / Anpassung, Vererbung und Evolution 35 Seiten — 14 Abbildungen — 8° — 1959 — DM 3,20

Band 104

Heft 1 Prof. Dr. KARL SCHMALFUSS / Über das Ausmaß der biologischen Bindung des elementaren Stickstoffs. Der Einfluß assimilierbarer Stickstoffverbindungen 19 Seiten — 2 Abbildungen — 6 Tabellen — 8° — 1960 — DM 1,35

Heft 2 Prof. Dr. ANTON LISSNER / Charakteristische Eigenschaften der Braunkohlen 20 Seiten — 10 Abbildungen — 3 Tabellen — 8° — 1960 — DM 2,—

Heft 3 Prof. Dr. FRITZ STATHER / Zur Charakteristik pflanzlicher und synthetischer Gerbstoffe und deren kombinierte Verwendung bei der Gerbung 19 Seiten — 8° — 1960 — DM 1,10

Heft 4 Prof. Dr. HEINRICH PRELL / Bemerkungen zur Geschichte der englischen Längenmaßsysteme In Vorbereitung

Heft 5 Prof. Dr. OTT'HEINRICH KELLER / Zur Berechnung des Galoisschen Körpers und der Galoisschen Gruppe einer Gleichung in erträglich vielen Schritten In Vorbereitung

Heft 6 Vorliegendes Heft

Bestellungen durch eine Buchhandlung erbeten

Vor 1945 erschienene Berichte antiquarisch durch den Akademie-Verlag, Berlin, zum Teil noch lieferbar

AKADEMIE-VERLAG · BERLIN